旅館管理
理論與實務

2nd Edition

Hotel Management: Theory and Practice

郭春敏 著

二版序

　　很高興有機會再次檢視與補充《旅館管理——理論與實務》乙書，為使本書內容更加完整與豐富，另加專欄如「分時度假（Timeshare）」、「世代差異——下世代旅館的新品牌」與「台灣最近觀光飯店與國際酒店集團合作」等；在內文部分亦同時增加服務金三角、MICE顧客在飯店的重要性及台灣民宿業的經營趨勢等。此外，除了更正書中的錯別字外，亦更新個案，如「日本旅館典範——加賀屋」等，期望讀者對旅館經營管理能有更新的觀念與前瞻性。

　　本書共計十一章，分別為：第一章〈旅館產業概況〉；第二章〈旅館組織與分類〉；第三章〈客務部管理〉；第四章〈房務部管理〉；第五章〈餐飲部管理〉；第六章〈行銷管理〉；第七章〈服務態度與顧客滿意度〉；第八章〈人力資源管理〉；第九章〈旅館財務管理〉；第十章〈會議管理〉及第十一章〈民宿的經營概念〉。

　　為增加本書內容的豐富與趣味性，因此在每一章都有相關的旅館專欄介紹，期增加讀者對旅館之興趣；再者，本書每章的第四節為個案與問題討論，希望學子能從管理的不同角度來探討與分享個案，藉此能更進一步瞭解旅館經營的甘苦與精神。

　　此外，本書附錄的管理專業術語亦為本書的特色之一，筆者將管理學較常用的術語運用在旅館管理的概念中，如「標竿學習」、「BOT模式」、「藍海策略」、「知識管理」等管理專業術語。期許

旅館管理相關科系的學子，能以更宏觀的角度瞭解旅館管理的內涵與精神。

本書得以出版要感謝揚智文化事業公司，亦要感謝我的學生在授課中給我很多的點子與衝擊，才能讓本書資源更豐富，更感謝華泰、圓山等各大飯店所給予的協助。此外，尚有非常重要的人物，茂祥、秀華的支持與幫忙，還有我最親愛的家人給我的關心與愛護。最後感謝協助本書出版的每一個人，以及閱讀本書的讀者。

郭春敏 謹識

目　錄

第一章

旅館產業概況

- 我國旅館定義與概況
- 旅館商品與特性
- 台灣旅館未來發展之趨勢
- 個案與問題討論

近年來，政府實施週休二日政策、開放大陸觀光旅遊及觀光客倍增計畫，國內外觀光休閒產業逐年成長，加上國人愈漸重視生活品質，對於休閒遊憩消費需求增強，整體觀光休閒市場漸趨成熟，服務業在21世紀已成為台灣的明星產業。根據世界觀光旅遊委員會就觀光產業對世界經濟貢獻度所進行的相關統計顯示，至2010年全球觀光產業的規模將達全世界GDP的11.6%，觀光產業之於全球乃至於單一國家之經濟發展扮演重要之角色。由此可知觀光已成為許多國家賺取外匯的首要來源。因此，世界各國皆積極發展觀光產業。而旅館業是觀光產業的重要一環（Stutts, 2001），因為觀光旅館業提供旅客住宿及餐飲，也提供會議、展覽、社交、娛樂、健身、美容、購物、郵電、商情資訊、休閒等滿足顧客需求之服務，是屬於綜合性之服務業。

全球景氣不佳且旅館經營激烈的環境下，旅館管理者如何將旅館的人力、物力、財力、時間等有限資源花在刀口上，以彰顯執行績效，使顧客滿意、員工工作愉快為旅館賺取最大的利潤，進而替台灣爭取更多的正面口碑，為其旅館經營者所努力之目標。本章主要目的為瞭解旅館目前概況及產業供需問題，故首先介紹我國旅館定義與概況，進一步簡介旅館商品與特性、台灣旅館未來發展之趨勢，最後則為個案與問題討論。

 # 第一節　我國旅館定義與概況

本節將針對觀光旅館之定義、分類與產業概況，產業供給與需求的問題及影響旅館產業發展因素做進一步說明。

一、觀光旅館的定義、分類與產業概況

(一)我國觀光旅館的定義

我國「觀光發展條例有關觀光旅館業部分條文摘錄」中第二條第七項,定義「觀光旅館業」是指經營觀光旅館、接待觀光客提供服務之事業。

(二)我國觀光旅館分類

依據我國所頒布的「發展觀光條例」第二十三條規定,「觀光旅館等級,按其建築與設備標準、經營、管理及服務方式區分之。」然台灣地區的旅館業依其規模、經營、管理方式及其特性,可區分為觀光旅館、一般旅館及民宿。按我國政府的規定又可把觀光旅館區分為國際觀光旅館與一般觀光旅館(**圖1-1**)。

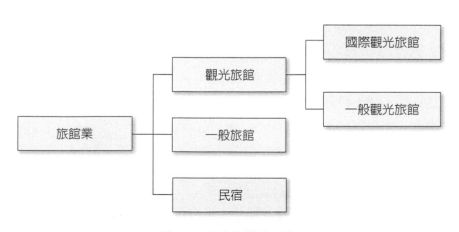

圖1-1　我國旅館業分類

資料來源:交通部觀光局網站(2005)。

(三)我國觀光旅館之發展與經營

　　台灣觀光旅館發展歷程是隨著觀光事業的發展而開始，主導整體歷程是隨著政治、經濟、社會、來華旅客人次及政府政策的推動而展開，其背景從傳統旅社演進至觀光旅館，在民國52年，因來華旅客大量增加，由政府制定相關法令正式定名，而發展現今之概況與規模。

　　我國政府自民國45年開始發展觀光事業，由於政府的鼓勵與推動，才帶動觀光旅館投資興建熱潮，詹益政（1992）依年代及營運現況區分為：傳統式旅社時代、觀光旅館發軔時代、國際觀光旅館時代、大型化國際觀光旅館時代、國際化旅館連鎖時代。而黃應豪（1995）再細分增加為能源危機停滯期（民國63年至65年）、整頓期（民國71年至72年）、重視餐飲時期（民國73年至78年）。綜合上述與陳世昌（1993）所著《台灣旅館事業的演變與發展》後，將台灣觀光旅館發展歷程分為下列八階段說明之。

◆傳統旅社時期（民國34年至44年）

　　台灣光復後，百廢待舉，經濟蕭條，全省旅社僅四百餘家，多為傳統的旅社、客棧，設備簡陋，大多為冷暖氣及獨立式衛浴設備，能提供外客住宿的景觀式之招待所，只有圓山大飯店、台北招待所、中國之友社、自由之家、勵志社、台灣鐵路飯店、台南鐵路飯店、日月潭涵碧樓招待所等8家，客房約154間，全省旅社共483間。

◆觀光旅館發軔期（民國45年至52年）

　　政府積極推動觀光事業發展，正式成立台灣省觀光事業委員會及台灣觀光協會，「觀光旅館建築及設備標準」以鼓勵民間興建

國際觀光旅館，並於民國52年頒布，因此帶動興建熱潮，此時期共有25家較具代表性，計有紐約飯店、石園飯店、綠園飯店、華府飯店、國際飯店、台中鐵路飯店、高雄華園大飯店、第一飯店、亞士都飯店、陽明山中國飯店與台灣飯店等。

◆國際觀光旅館時期（民國53年至62年）

民國52年正式頒布「新建國際觀光旅館建築及設備標準要點」，並對民間投資興建國際觀光旅館予以五年免徵營利事業所得稅的優待，來華旅客在此十年大量增加，民國53年九萬餘次增至民國62年的八十四萬餘人次，因民國53年日本開放觀光，民國54年至民國61年越南美軍來台渡假，如此使國際觀光旅館在全台大量興建，其國際標準之觀光旅館以符合國際水準的代表旅館有統一大飯店，國賓大飯店、台南大飯店、中泰賓館、高雄華王大飯店及希爾頓大飯店等共20家國際觀光旅館，一般觀光旅館有81家，共計觀光旅館有101家。

◆能源危機停滯期（民國63年至65年）

民國62年發生能源危機，政府實施禁止興建建物辦法，且稅捐增加、電費大幅調高，故此階段三年中除了台北市鳳殿大飯店外，未有其他新的觀光飯店出現。

◆大型國際觀光旅館時期（民國66年至70年）

民國65年經濟復甦，來華觀光客突破一百萬人次，而發生旅館荒，民國66年公布「都市住宅區內興建國際觀光旅館處理原則」及「興建國際觀光旅館申請貸款要點」，解決建築地難求及資金不足兩大問題，因而刺激民間興建旅館的興趣。

大型觀光旅館大量出現，六年共建45家，如民國66年有台北芝麻，民國67年全省12家，例如：康華三普（今改為亞太）；民國68

年有11家，例如：美麗華、財神、兄弟、亞都、高雄名人等；民國69年有12家，如國聯、台中全國；民國70年有9家，例如：高雄國賓、台北來來；民國72年有富都、環亞及老爺等，但由於新旅館的出現，且民國69年來華旅客成長緩慢，迫使老舊設施紛紛停業、轉讓，此時期共有20家結束營業。

◆ **重視餐飲時期（民國73年至78年）**

國際觀光旅館面對市場競爭壓力大，經營成本增加，如稅捐、人員薪資等，且來華旅客成長緩慢，故開始改變為以客房為主之收入，為爭取國民餐飲市場，而使餐飲收入開始超過客房收入之比率，如兄弟、來來、福華、老爺等，皆有不錯之餐飲收入，而此時期增加之旅館有福華、老爺、力霸、墾丁凱撒、通豪等飯店。

◆ **連鎖旅館時期（民國79年至82年）**

民國79年成立凱悅、麗晶（現改名晶華）及西華等三大飯店，使台灣的旅館經營邁入國際化的連鎖時期，故帶來對本土化的旅館及中小型的旅館相當大的衝擊，目前本土化的旅館發展連鎖體系發展至今，其規模如福華大飯店相繼在台北、墾丁、翡翠灣、台中、高雄、石門水庫等設下據點：中信大飯店則在花蓮、新莊、桃園、高雄、苗栗、台中、嘉義、新店、中壢、及廈門等設下據點，而晶華集團，在台北、天祥、台中、高雄設下連鎖據點。

◆ **休閒旅館時期（民國82年至今）**

隨著台灣經濟的成長，國民所得提升，國人愈加重視休閒生活，而民國75年墾丁凱撒大飯店的經營成功，原設定以國外客源為主的收入卻反變成以國人為主，而到民國82年知本老爺經營成功，使休閒旅館更受重視，其投資資本少，平均房價高、投資回收快，而掀起投資風潮，相繼成立有溪頭米堤、花蓮美侖、天祥晶華、墾

丁福華等，另有更多的投資案在規劃中。由於全球化程度越來越高、休閒旅遊風氣暢行與台灣週休二日制度的落實之下，國內觀光旅館產業也隨之進入更密集競爭的時期（**表1-1**）。

表1-1　台灣觀光旅館之發展經過

階段	發展情況	代表性旅館
民國34～44年 傳統式旅社時期	1.全省旅社約483家，多為客棧、招待所與傳統旅社形式。 2.景觀式旅社可提供外賓住宿。	1.圓山飯店 2.台灣鐵路飯店
民國45～52年 觀光旅館發軔期	1.民國45年台灣觀光協會正式成立。 2.政府政策鼓勵帶動第一波興建觀光旅館熱潮，此一階段共興建26家觀光旅館，以高雄圓山與華園著名。	1.石園（第一家民間資本） 2.高雄華園 3.第一飯店
民國53～62年 國際觀光旅館時期	1.民國53年國賓與統一飯店相繼成立，使我國旅館經營邁入國際化新紀元。 2.此時期相繼成立觀光旅館95家。 3.民國62年台北希爾頓開幕，為台北市觀光旅館國際化之始。	1.國賓 2.統一 3.中華賓館 4.希爾頓（台北凱撒大飯）
民國63～65年 能源危機停滯期	1.能源危機發生，政府頒布禁建令，稅率、電費大幅調高。 2.三年間未增加新的觀光旅館。	
民國66～70年 大型國際觀光旅館時期	1.民國65年經濟復甦，來華旅客突破一百萬人，發生旅館荒。 2.民國66年政府公布「都市住宅區內興建國際觀光處理原則」及「興建國際觀光旅館申請貸款要點」，突破建地及資金不足兩大瓶頸，刺激了大型觀光旅館興建，共計增加45家。	1.來來（台北遠東） 2.高雄國賓 3.兄弟
民國71～72年 整頓時期	第二次石油危機發生，旅客零成長，競爭激烈、稅賦增加，經營不善之旅館進入整頓期。	亞都

（續）表1-1　台灣觀光旅館之發展經過

階段	發展情況	代表性旅館
民國73～78年 重視餐飲時期	1.國際觀光旅館逐漸改變客房為主之經營方針，發展富彈性的餐飲業務，以獲取更多收入。 2.經濟景氣活絡，歐洲恐怖組織活動頻繁，來華觀光及商務旅客激增，旅館供不應求，房價直逼日本。	1.老爺 2.福華 3.墾丁凱撒 4.通豪
民國79～82年 國際連鎖旅館時期	晶華、凱悅等國際知名的連鎖飯店相繼在台北開幕，為我國觀光旅館業帶來強烈衝擊。	1.晶華 2.凱悅 3.西華
民國82～90年 休閒旅館時期	隨著台灣經濟的成長，國民所得提升，國人愈加重視休閒生活，加上台灣週休二日制度的落實之下，且國內觀光休閒旅館產業也愈來愈興盛。	1.天祥晶華 2.墾丁福華 3.知本老爺飯店 4.墾丁悠活渡假村
民國91年至今 豪華與特色旅館時期	千禧年與Y世代族群已經取代嬰兒潮時代的人，重視高科技，故對旅館的科技設備也比較重視，更重視自我風格特色等。	1.W Hotel 2.台北文華東方酒店 3.台中千禧酒店 4.新竹喜來登酒店

資料來源：作者自行整理。

　　業界面對競爭日趨激烈之市場環境，紛紛調整營運策略，改進經營體質，其中尤以參加或建立旅館連鎖經營組織，以避免單打獨鬥，增加競爭力之方式逐漸興起。最早者為國際希爾頓（Hilton）集團於1973年在台北成立希爾頓大飯店（已解約，2002年底改為凱撒大飯店），再者諸如來來大飯店（先後加入日本大倉Okura集團、香格里拉Shangri-La集團與喜來登Sheraton集團）、六福皇宮（Westin集團）、福朋喜來登飯店集團（Sheraton Four Points集團）、台北老爺酒店（日航Nikko集團）、台北西華飯店（Preferred Hotel Group，已解約）、台北君悅大飯店（凱悅國際飯店Hyatt Corporation連鎖集

百變旅館

世代差異——下世代旅館的新品牌

　　美國社會以X、Y世代，定義成長於經濟飛速成長、多元消費文化及網際網路興起的新世代。由於世代差異，人生價值也產生差異，如生活品質優先於工作。由於世代不一樣對於旅館經營也產生衝擊與不同的喜愛偏好，現代旅館設備比以前更豪華。其設計的目的為吸引X世代（1961～1980）的旅行者，因為這世代族群已經快速取代戰後嬰兒潮者（1944～1960），成為目前最大的商務旅行者，他們對旅館的要求比較重視視覺、情感及自家的舒適度。千禧年代（1981～2000）該族群為高科技者，故對旅館的科技設備也比較重視，更重視自我風格特色等。因此，對於24小時方便性提供餐飲也很重視。如「生活型態」品牌（lifestyle brands）為最近比較新的旅館觀念，如Starwood's W Hotels、Aloft（平均房價為美金$100～$125）、Element、InterContinental's Hotel Indigo、Hyatt's Hyatt Place、Andaz、Marriott's Edition、NYLO及Tomo。

資料來源：

1.http://www.starwoodhotels.com/alofthtels/index.html

2.http://www.hyatt.com/hyatt/place/virtual.jsp?room=l

3.http://www.jdvhotels.com/hotels

團）、台北晶華酒店（麗晶Regent酒店集團）、台北環亞大飯店
（假日飯店Holiday Inn連鎖集團，已解約，2006年中改為台北盛世
王朝大飯店）、台北華國大飯店（洲際飯店集團Inter-Continental
Hotel Group，已解約）、台北遠東大飯店（香格里拉Shangri-La集
團）、華泰、劍湖山、耐斯（王子大飯店Prince連鎖系統）、涵碧樓
（GHM旅館經營管理集團，已解約）；圓山、國賓、長榮、福華、
晶華、中信、麗緻、老爺、凱撒、金典等自行建立各種連鎖與加盟
系統；麗緻系統加入亞洲旅館聯盟（Asian Hotels Alliance, AHA）；
台北亞都麗緻大飯店、台北西華飯店加入Leading Hotels of the World
訂房系統。由於這些國際連鎖旅館引進歐美日旅館管理技術與人
才，加速台灣的旅館經營朝向國際化方向邁進（交通部觀光局國際
觀光旅館營運分析報告，2005）。

二、旅館產業經營成功之因素

　　由於整個大環境的不斷變化，旅館產業也產生許多的變化，
因此旅館經營者亦應隨時注意市場趨勢且不斷吸收新知，求新求
變，以免被時代淘汰。根據台北旅店管理顧問公司董事長戴彰紀
（2008）分享如何替旅館創出另一塊藍海市場，其考慮的因素為：

1.開關各品牌價格，選擇多元：努力達成100%住房率目標。
2.嚴控成本：要將節省的精神貫穿到每位經營團隊成員。
3.高團隊作戰力：戴彰紀董事長訓練員工獨創「三心二意」原
　則。一心是熱心，願意不斷做其他工作；二心是細心，旅館
　雜務很多，要細心才能面面俱到；三心是非常用心，才有動
　力把服務做到最極致。「二意」中的第一意，是所做的一切
　事情都要合乎意義；第二意是創意，具備革命家精神，勇於

創新，不斷思考如何改變現狀。

4.向外找資源——跨品牌異業合作，增加旅館曝光度：透過靈活操作跨品牌異業合作，利用最有效率又省錢的方式，增加旅館品牌的曝光度。

此外，旅館經營成功要素可歸納為員工、經營管理及行銷面等，簡述如下：

(一)員工面（3C）

包括良好的內部溝通（communication）、各部門互相協調（coordination）、員工彼此合作（cooperation）。旅館是服務業，在執行工作任務時皆要靠基層的第一線員工去服務客人，身為管理者必須協助員工並肯定員工的價值，創造一個讓員工滿足的工作環境，讓他們能盡心盡力地服務客人，並吸引開發、激勵、留住優秀的人才，唯有快樂的員工，才有快樂的客人，開創企業、員工與顧客之三贏的目標。

旅館業亦講求團隊合作，主要訴求是希望達到所有的員工都能有與別人合作的能力，若只憑旅館內總經理一個人是無法達成任務的，必須由各部門及各基層人員甚至於老闆的團結合作，才會凝聚員工無形的向心力和塑造力，讓工作更順利完成。嚴長壽（1997）曾指出，一個企業的成功，當然有很多的因素，但其中「人」是企業最重要的財富，亦為旅館的經營成功之道。

(二)經營管理面（5C）

包括市場多樣化（diversification）、建築個性化（character）、經營連鎖化（chain）、管理電腦化（computer）、競爭激烈化（competition）。旅館產業競爭日益激烈，因為旅遊的生態在轉變，

遊客對住宿的選擇也隨之不同，有不少人捨棄奢華的酒店而選擇汽車旅館，為的就是體驗多樣化的氣氛，不但訴求生活情趣，更是強化了旅遊休閒住宿的新定位，讓汽車旅館的印象慢慢轉型成豪華、精品和高級路線。

再則，近幾年來特色民宿的出現，強調特殊的田野景觀、人文藝術、自然生態、鄉村體驗或民俗活動等；舊飯店亦斥資改裝及翻修工程等，均展現老飯店在市場上不可忽視的競爭力。在激烈的競爭市場中，休閒市場不論是在建築外觀、內裝或休閒設施上皆著重獨特性或主題性，為日益競爭的旅館市場帶來不小的衝擊，讓許多旅館不斷從激烈競爭中尋求轉型蛻變，甚至於加入各式的連鎖系統，不僅能提升知名度，還可接受技術轉移，提升服務品質，經由全球直營或連鎖飯店的訂房網路及旅遊資訊，達到共同行銷、聯合訂房、降低成本等相互支援效果。由於國際品牌飯店重視教育訓練，員工有良好的學習環境，亦可提供員工國外見習或輪調的機會，可擴展與增強員工的國際視野與歷練，加快飯店國際化的腳步。

(三)行銷面（6P）

包括產品（product）、價格（price）、通路（place）、促銷（promotion）、人（people）、套裝（package）。旅館業之業務部人員在瞭解客房及餐飲產品的優勢後，經由創意的包裝及市場評估，整合出有價值的產品，在適當的地點，以合理的價格，透過各種媒體通路或業務人員主動銷售的方式，將產品資訊從銷售者移轉到消費者的過程，此整合過程中必須站在消費者立場，凡事與顧客做好溝通，考量顧客成本效益及便利性，以達到顧客滿意之服務。

成功的旅館業講求全員行銷（每一位員工都是sales），以激發團隊的向心力，除了上述之外部行銷（external marketing）方式外，

百變旅館

Radisson SAS Hotel Berlin

　　現在全世界的飯店都流行Hip Hotel的風格，不是鬥大就是鬥怪。就連一向都是走正路風格的Radisson連鎖星級飯店，也不甘平凡，找來通天大魚缸坐鎮大堂迎賓，吸引每位住客專注觀看。擁有超級魚缸的Radisson SAS Hotel Berlin自從落成後，即成為城中焦點，就連電視劇、時裝雜誌都以24公尺高的通天魚缸作布景板。

　　大魚缸成為柏林新貴，皆因形狀及容量都一絕，直立飯店大堂的圓筒形魚缸（Aqua Dom），高24公尺，容量達100萬公升，是全球最大的圓筒形直立魚缸。站立其下，抬頭不見盡處，如同將海底搬上了陸地。雖然缸內已放了二千五百多條熱帶魚，但仍未見有魚滿之患，相信再放幾條鯊魚都無問題。

　　據飯店負責人透露，照顧巨型魚缸不如想像中簡單，當中涉及複雜的生態問題，此項重任交由Sea Life負責。Sea Life每天都派兩名潛水員跳進魚缸進行清潔工作，若有幸碰見他們清潔的話，你會看見魚群圍著潛水員團團轉的有趣情景。大魚缸形如巨型廁紙筒，內設一部雙層升降機，定時候上上落落接載觀光客，若住客想搭這部魚缸升降機，就要到隔壁的Sea Life購買門票，皆因魚缸由他們管理。

　　大魚缸是飯店的靈魂所在，飯店四分之一的房間都正對魚缸，讓住客不用濕身便可在房內感受冰涼的海洋氣息，景觀更勝Sea View──因為是真真正正的Under Sea View！

資料來源：

1. http://www.radissonsas.com/servlet/ContentServer?pagename=RadissonSA
   S%2FPage%2FrsasHotelDescription&cid=1058339121907&language=en
   &hotelCode=berza

2. http://hk.travel.yahoo.com/050523/62/1crgm.html

必須搭配內部行銷（internal marketing）與互動行銷（interactive marketing）。簡單來說，內部行銷為管理階層適當的授權與激勵，可提高員工工作滿意度，再加上後勤員工全力支援外場員工，以顧客滿意為導向。互動行銷則是第一線員工與顧客間建立良好的互動關係，凡事以顧客需求為出發點，主動提供高品質的服務並與顧客維持互信的友誼。因此，顧客從初步接收到旅館資訊到實際入住與體驗後，飯店員工所提供的服務品質也能具有一致性，不但可提高顧客忠誠度，又不須再花費大量促銷費用或廣告成本來吸引顧客。

第二節　旅館商品與特性

　　旅館事業亦為一種綜合性、多角化經營的事業，其商品內容包含硬體部分（如客房、餐廳、會議室、百貨街、夜總會、大廳、環境等設施服務）。因此，它除了是提供旅客住宿、餐飲或休閒功能外，為了服務消費業者，他必須結合旅館內各項設施，相互搭配，始能吸引更多顧客前來消費。

　　旅館業亦屬於服務業的重要一環，常具有服務業的四項共同特性，即無形性（intangibility）、不可分割性（inseparability）、不易儲存性（perishability）、異質性（heterogeneity）。故其服務品質的高低，管理的良窳，影響觀光事業甚鉅（Clow, Garretson and Kurtz,

1994; Oberoi and Hales, 1990）。旅館服務業除了具有服務業的共同特性外，又具有旅館商品本身的特性，以下就旅館的商品及其特性加以分別說明。

一、旅館的商品

旅館業既然是有硬體（設備）與軟體（服務）的結合，我們便必須先瞭解商品是什麼？亦即到底賣的是什麼？根據林玥秀等學者（2000）指出，旅館銷售的商品可分為有形商品與無形商品兩種。

(一)有形的商品

旅館即有形的商品，包括設備、環境及餐飲等商品。旅館的設備如客房，以及旅館本身各項休閒性、機能性、便利性、安全性的設備，如高尚協調的裝潢、安全而舒適的客房設備與備品、健身房、冷熱適中的空調、潔靜的餐飲設施、游泳池及高爾夫球場等實體設施；環境是指周遭的環境，如優美的自然環境、方便的交通網絡、停車方便等；餐飲是指有無提供各種口味餐點，如中西式餐飲服務，及是否能滿足顧客整體知覺（即五感：視覺、味覺、聽覺、嗅覺與觸覺）服務。如到日本北海道旅遊，就想體驗一下當地著名的「一碗拉麵」故事中的感受和情懷，來到中國就想要品嚐有名的中華美食，所以首先菜餚需別出心裁、具有特色，能讓顧客心動且馬上行動。

(二)無形的商品

旅館無形的商品乃指服務而言，服務是以得體的行為來滿足客人的需要而求取合理的報酬。所謂靠人的服務就是服務要靠人的行為去完成，每個服務人員都要能澈底完成自己所負的責任，使顧客

感受到物質上與精神上皆能滿意，並使顧客能有「賓至如歸」的感覺。Chase與Bowen（1987）認為，旅館業是純服務業的一種。因此，服務不僅是服務人員為顧客提供精神上與體力上的勞務之外，也包括顧客所獲得的一種感覺。因此，如何使服務人員以良好的服務態度（如服務人員能迅速解決顧客問題、同理貼心、積極服務及親切友善等）為顧客服務，以滿足甚至超越顧客的需求，乃是旅館服務經營者所特別重視。由於現代的旅客是為享受而旅行，所以旅館的設備要注意可以讓旅客感覺到輕鬆、休閒、清靜、整潔、方便及安全，尤其服務員應當尊重私人之隱私，不得隨意刺探或打擾顧客。

二、旅館商品的特性

根據張德儀（2003）指出，國際觀光旅館業除了具有上述之特性外，亦具有下列之特性：

(一)產品的不可儲存及高廢棄性

國際觀光旅館是一種勞務提供事業，勞務報酬以次數或時間計算，時間一過，其原有的收益將因無人使用而不能付諸實現。例如：旅館的客房若無人投宿，則該客房閒置，翌日則商品形同棄置，無法將賣不出去的客房庫存至第二天再出售。

(二)短期供給無彈性

興建國際觀光旅館需要龐大的資金，由於資金籌措不易，且施工期較長，短期內客房供應量無法很快地適應需求的變動，因此短期供給是無彈性的。就個別旅館而言，旅館房租收入額，以客房全部出租為最大限度，旅客再多亦無法臨時增加客房而增加收入。

(三)資本密集且固定成本高

　　國際觀光旅館的興建多位於交通方便、繁榮的市區，其地價較昂貴。建築物講究富麗性與藝術性，館內設備追求時尚、高雅，因此固定資產的投資極高，占總投資額高達八至九成。由於固定資產比率大，其利息、折舊與維護費用的負擔相當重。

(四)經營技術易被模仿

　　一般之經營技術，在同級或不同級之旅館都可以學到，即使有創新之產品或作法，亦容易為同業所抄襲模仿。

旅館猜猜猜

1. 台灣哪一家飯店引進世界知名的Fidelio旅館資料系統？——遠東國際大飯店
2. 哪一家飯店是台灣地區首家榮膺「世界頂尖旅館組織」與「世界精選旅館組織」？——台北西華飯店
3. 世界第一座具有現代化設備的飯店是哪一家？——Grand Hotel（Paris），起源於19世紀中期，自此成為高級旅館的代名詞
4. 目前世界上最大且最成功之會議型旅館是哪一家？——Las Vegas MGM Hotel
5. 目前為止台灣房間數最多的飯店是哪一家？——君悅飯店（原凱悅飯店）
6. 哪一家飯店有歐洲旅館之父或有歐洲旅館龍頭之稱？——麗池

飯店（Cesar Ritz Hotel）

7.台灣哪一家飯店是首家飯店引進LEXUS車隊，提供客人接送與租車的服務？——台北來來喜來登飯店

8.哪一飯店是威斯汀（Westin）連鎖飯店全世界第一家全部採用「天堂之床」的飯店？——六福皇宮

9.台灣目前哪一家飯店的總統套房價格最貴？——台北圓山大飯店

10.全國第一家超越五星級的主題式精品旅館是哪一家飯店？——台北薇閣精品旅館（Wego Taipei）

11.哪一家飯店首先創立了連鎖性的旅館？——史大特拉旅館（Statlers）

12.哪一家飯店被指定為紐約市之地標？——華爾道夫酒店（Waldorf Astoria Hotel）

13.目前為止哪一家飯店是全世界上最貴的酒店？——阿拉伯塔酒店（Burj Al-Arab）

14.台灣哪一家飯店首推One Stop Service？——台北亞都麗緻大飯店

15.香港哪一家飯店是最早擁有私人的直升機停機坪設備的旅館？——香港半島酒店（The Peninsula Hotel）

16.目前為止世界上最昂貴的旅館客房？——瑞士日內瓦威爾森總統酒店（President Wilson Hotel）的帝王套房，一夜住宿得花上33,000美元

17.目前為止世界海拔最高的旅館？——聖母峰美景酒店（Everest View Hotel），高度為海拔13,000英尺

18.目前為止世界上位置最北邊的旅館？——挪威的斯瓦巴北極酒店（Svalbard Polar Hotel），現更名為雷迪森北極酒店（Radisson SAS Polar Hotel），位於北緯78°13'

19.目前為止世界上最小的全套旅館客房？──WJ（華盛頓傑佛遜酒店），客房面積僅7×11呎

20.目前為止世界最大的冰旅館？──瑞典尤卡斯耶爾維的冰旅館，為世界上最大的冰建築物，室內總面積為5,000平方公尺，每晚可接待150位來賓，還設有世界上獨一無二的冰製祈禱室

資料來源：筆者整理。

(五)需求的波動性

　　國際觀光旅館的需求受外在環境，譬如：政治動盪、經濟景氣、國際情勢、航運便捷、社會結構等因素的影響很大。來台旅客不僅有季節性，還有區域性。根據近年來觀光局之統計資料顯示，來自日本的旅客占全體旅客之大部分，同時住宿國際觀光旅館之日本旅客大約可占三至五成左右。國際觀光旅客以每年的3、4月與10、11月份之住房率較高；國內商務旅客除了過年前後較低外，其餘月份均較平均。平均而言，各國際觀光旅館住用率以8月、12月為最低（交通部觀光局，2004）。此外，休閒渡假旅館受旅遊資源與自然條件之限制，夏季與冬季明顯不同。因此，旅館經營之淡旺季區隔顯著。

(六)需求的多重性

　　國際觀光旅館住宿之旅客包含不同國籍，其旅遊動機、經濟、文化、社會、心理背景亦皆迥異，故國際觀光旅館業所面臨之市場需求是多重且複雜的。

第三節　台灣旅館未來發展之趨勢

本節將針對台灣旅館產業未來的發展趨勢做進一步說明，如觀光賭場飯店、溫泉旅館、精品旅館、民宿及會議展覽服務業等，茲分別說明如下：

一、觀光賭場飯店

近些年來，「觀光產業」已成為最具國力、社會、經濟指標的產業。綜觀目前全球的旅遊，大都結合了遊憩、觀光、休閒、購物、遊樂場及賭場為主要發展方向，而這些休憩觀光的旅遊方式，已成為21世紀發展趨勢（張於節，2002）。其中又以賭場結合而成的博奕事業經營，更是將賭場自純粹的賭場遊戲主軸轉變成現代的一種商業、休閒及娛樂活動，成為觀光產業的重要一環。由於台灣立法院已通過「離島建設條例」博奕條款，故未來博奕娛樂產業將是台灣發展的新趨勢。

二、溫泉旅館

因台灣地處太平洋地震區，地層活動相當頻繁，因而形成台灣很多的溫泉區。隨著週休二日及國人對休閒品質和醫療保健的重視，使得溫泉的熱潮加速發展，在民間與政府共同推動下，蓬勃發展的溫泉業，在近幾年出現豪華、精緻的溫泉旅館，提供現代化的設施及舒適典雅的客房與高品質的服務。就國民旅遊市場的發展，溫泉遊憩的活動已漸深植人心，成為部分遊憩區獨特的觀光資源與

泡湯文化，故溫泉旅館亦成爲台灣旅館未來發展之趨勢。

三、精品旅館（汽車旅館）

　　近年來，由於台灣觀光業的轉型變化，許多旅館經營者顛覆傳統，以極盡新潮、奢華的設計裝潢，另類獨特的經營模式，將原本興盛於美國，以平價爲訴求的汽車旅館，在台灣改頭換面、蓬勃發展。業者不再單純鎖定低價策略，改走精緻、品牌的高價策略，提供很好的產品、設備、服務，但價格合理且新創意十足之商務及主題旅館等精品旅館，故吸引很多的消費者前往體驗與嘗新。由於汽車旅館的經營型態相較於國際觀光旅館其設立成本較低、隱密性高、房間週轉率高，而使得獲利提高，成爲台灣旅館經營的另一種趨勢。

四、民宿

　　民宿在鄉村旅遊業者中主要是提供「食、宿」服務的供應業者，就像餐旅業（Hospitality Industry）在觀光產業中主要提供「食、宿」服務的角色。Hospitality Industry，就字面意義是指經營餐廳與旅館爲主的產業，後衍生爲主人以和藹親切的態度接待顧客、款待顧客，讓顧客感覺「賓至如歸」的一種服務業，亦即所謂「餐旅業」。民宿在鄉村旅遊產業中亦扮演提供鄉土性「食、宿」的重要功能，可說是鄉村旅遊產業中最重要的供應業者。台灣的人口密度高，鄉村旅遊將是未來旅遊發展的新寵，尤其許多小鎮將發展出各具特色的民宿，伴隨著對生活品味的追求和旅遊休閒的提升，小鎮深度旅遊和地方特色民宿的結合將是一種不可抵擋的趨勢。台灣民宿非常有特色，它除有家（home）的感覺，

又有旅館（hotel）的經營方式，故台灣的民宿有一個新名詞，稱爲
"Hometle"（home＋hotel）。

五、會議展覽服務業

　　受到全球景氣不佳與產業外移的影響，國內產業結構持續
調整。2004年我國服務業占國內生產毛額（GDP）比重已經高達
68.72%。近年來我國正積極推動國際會議產業，會議展覽服務業
（Meeting, Incentive, Convention, Exhibition, MICE）泛指國際會議
與國際展覽，其服務範圍涵蓋如下：Meeting是指一般會議，也就是
企業界的會議；Incentive是獎勵旅遊，就是各公司、工廠獎勵他們
的員工或下游經銷商的旅遊；Convention是指比較中大型的會議；
Exhibition是指展覽的部分（臺北市政府觀光委員會，2005）。會議
展覽服務業是一種高附加價值產業，能帶動當地觀光、航空運輸、
飯店、會議公司及展覽等相關產業發展，增加就業率，促進經濟繁
榮。根據國際協會聯盟（Union of International Associations, UIA）統
計報告結果，2004年全球會議展覽中，最大的市場在歐洲，次爲亞
洲，第三是北美洲。在亞洲，新加坡、泰國以及台灣會議之發展，
近年來大幅提升。有鑑於我國會展產業逐漸發展成形，如何有效提
升我國舉辦國際會議的能力與服務，爲未來旅館業發展的趨勢之
一。

第四節　個案與問題討論

【個案】做自己的貴人～紐約華爾道夫酒店的故事

　　今天在一個偶然的機緣下，有機會聽到蘇永清校長分享服務的重要性，蘇校長退休後就一直在一貫道中從事志工的工作，且負責匡正社會的混亂價值、提倡正面的價值觀與服務態度等講師的工作，我本來對被半強迫式的來聽講不抱任何期待，只是應付一下朋友的邀約，因為我對一貫道並不是很瞭解，但出乎我期待的是我聽到跟我教學相關的個案——做自己的貴人～紐約華爾道夫酒店的故事。此刻我頓時間清醒，自然反應將注意力集中到蘇校長的演講內容。我個人覺得很感動且很有道理，重點就是要能珍惜各個服務他人的機會，不要輕忽任何一個人，也不要疏忽任何一個可以助人的機會，學習對每一個人都熱情以待，或許蘇校長主要在分享勉勵一貫道的道親要能有服務他人的精神，而以一個旅館服務人員作為分享的個案，我覺得很棒，故將這故事整理分享給有志從事旅館的服務人員。相信只要抱著有機會服務他人就是自己的福報，要珍惜人與人之間的接觸與相處，或許您的貴人就在您身邊呢！我想旅館業服務工作多能秉持這種信念與態度，那麼顧客抱怨應該就會減少，顧客滿意度應該會提升喔！以下分享這個故事——

　　這是發生在美國的一個真實故事：

　　一個風雨交加的夜晚，一對老夫婦走進一間旅館的大廳，想要住宿一晚。無奈飯店的夜班服務生說：「十分抱歉，今天的房間已經被早上來開會的團體訂滿了。若是在平常，我會送二位到沒有空

房的情況下用來支援的旅館，可是我無法想像你們要再一次的置身於風雨中，你們何不待在我的房間呢？它雖然不是豪華的套房，但是還蠻乾淨的，因為我必須值班，我可以待在辦公室休息。」

這位年輕人很誠懇的提出這個建議。

老夫婦大方的接受了他的建議，並對造成服務生的不便致歉。

隔天雨過天青，老先生要前去結帳時，櫃檯仍是昨晚的這位服務生，這位服務生依然親切的表示：「昨天您住的房間並不是飯店的客房，所以我們不會收您的錢，也希望您與夫人昨晚睡得安穩！」

老先生點頭稱讚：「你是每個旅館老闆夢寐以求的員工，或許改天我可以幫你蓋棟旅館。」

幾年後，他收到一位先生寄來的掛號信，信中說了那個風雨夜晚所發生的事，另外還附一張邀請函和一張紐約的來回機票，邀請他到紐約一遊。

在抵達曼哈頓幾天後，服務生在第5街及34街的路口遇到了這位當年的旅客，這個路口正矗立著一棟華麗的新大樓，老先生說：「這是我為你蓋的旅館，希望你來為我經營，記得嗎？」這位服務生驚奇莫名，說話突然變得結結巴巴：「你是不是有什麼條件？你為什麼選擇我呢？你到底是誰？」

「我叫做威廉・阿斯特（William Waldorf Astor），我沒有任何條件，我說過，你正是我夢寐以求的員工。」

這旅館就是紐約最知名的華爾道夫酒店，這家飯店在1931年啟用，是紐約極致尊榮的地位象徵，也是各國的高層政要造訪紐約下榻的首選。

當時接下這份工作的服務生就是喬治・波特（George Boldt），一位奠定華爾道夫世紀地位的推手。

是什麼樣的態度讓這位服務生改變了他生涯的命運？毋庸置

疑的是他遇到了「貴人」，可是如果當天晚上是另外一位服務生當班，會有一樣的結果嗎？

　　人間充滿著許許多多的因緣，每一個因緣都可能將自己推向另一個高峰，不要輕忽任何一個人，也不要疏忽任何一個可以助人的機會，學習對每一個人都熱情以待，學習把每一件事都做到完善，學習對每一個機會都充滿感激，我相信我們就是自己最重要的貴人。

【問題討論】

　　1.請問美國紐約曼哈頓的第5街有一棟知名旅館其旅館名稱為
　　　何？
　　2.您覺得旅館從業人員應具備的工作態度為何？
　　3.根據上述個案，請分享您個人的心得與看法。

第二章

旅館組織與分類

- 旅館組織架構
- 住宿設施的類型
- 連鎖旅館的類型
- 個案與問題討論

　　組織的意義是要決定及編配旅館內各部門員工的職掌，顯示彼此之間的關係，使每一個員工的努力和工作合理化，朝向一個共同的目標而努力。換言之，就是要使旅館內的人與事配合，使業務推動順利達到服務顧客及增加收入的目的（詹益政，1992）。本章首先介紹旅館組織架構，進而分享住宿設施的類型、連鎖旅館的類型，最後為個案與問題討論。

 # 第一節　旅館組織架構

　　本節主要介紹旅館組織架構與旅館功能性部門的劃分，說明如後：

一、旅館組織架構

　　旅館的組織因其經營特性、規模大小、各部門分工作業互有不同，但整體來說，其基本職掌大致相同。一般而言，旅館客房作業可分為兩大部門：一為「前場部門」（front of the house）；另一為「後場部門」（back of the house），茲分述如後（**圖2-1**）（吳勉勤，2006）。

(一)前場部門

　　前場部門即「營業單位」，包括櫃檯、出納、大廳、商務中心、旅館內的全部客房、附設之餐廳及其他附屬設施（如健身房、三溫暖、游泳池、商店等）。

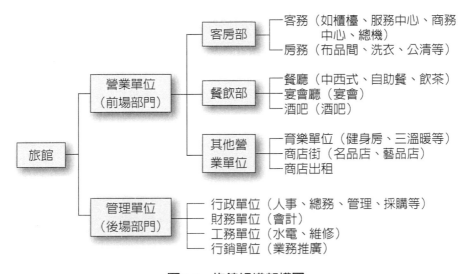

圖2-1　旅館組織架構圖

資料來源：筆者整理。

(二)後場部門

　　後場部門係指「管理單位」，負責旅館內相關行政支援工作，妥善提供接待旅客的各項服務工作，讓客人感到有賓至如歸的感覺。其部門包括：管理、人事、訓練、財務、會計、總務、採購及工務等。舉凡廚房、儲藏室、食物飲料補給品的採購、對外宣傳行銷、人事管理訓練等均為內務部門之範圍。

　　總之，不論旅館規模之大小如何，其組織部門大同小異，通常區分為客務、房務、餐飲、人事、會計、工務等部門。中小型旅館組織較簡單，有時一人可能兼任數職，一個部門負責多項任務。至於大型旅館則規模較大，組織複雜，分工精細，所需分工合作之程度愈高。

二、旅館功能性部門的劃分

旅館部門劃分的方式依據不同的規模、類別及需求，各有不同的部門劃分方式。功能性部門劃分的特色為──類似、相關的專才會集合在一個部門裡，例如：行銷、財務及人力資源部門。功能性結構可以將專業分工的優點發揮到極致，可以將功能專門化，專業主管的訓練工作可簡化，且人員之間溝通容易。例如客房及餐飲部，最大的好處是有利於同一產品各業務主管活動之協調，提升經營服務品質，而且方便公司建立「成本中心」（cost center）或「利潤中心」（profit center），因為旅館的各項收益及成本都能按照產品區分給予歸屬，另外各產品部門相互競爭，可以刺激業務的成長。因此旅館從總經理以下，依據各部門不同的功能可以劃分為：客房部、餐飲部、人力資源部、行銷部、財務部及工程部六大部門（周明智，2003），說明如後。

(一)總經理

總經理是一家旅館營運人員的首腦，主要的職責是吸引客人上門，並確定顧客在旅館中的人身安全，以及是否獲得完善的服務。總經理除了監督管理旅館全體員工外，並且要執行旅館業主或連鎖旅館的經營政策，監督各部門依循這些政策，並遵從政策所訂的服務標準。

專業的總經理是人際關係處理專家，他們能夠和全體員工、顧客及社會團體建立起良好的關係，他們深信團隊工作的重要，所以要領導整個旅館團隊，並且要能透過團隊其他人的努力來把事情做好。有效率的總經理必定會有專業技巧及能力，在處理問題與做決策時，

能仔細研究問題的核心，並研擬出長期及短期的解決替代方案。

(二)客房部

　　大部分的旅館，客房部門是最主要的部門，而且也是旅館實體的核心。所以旅館客房是收入最大來源。客房部不只占據旅館主要空間，也是主要的收入來源。最重要的是，客房部門也產生了最高的利潤。許多旅館損益表中，客房部利潤（客房收入減去客房營運費用）可以達到客房部收入的70%。換言之，客人花費在客房部門的每一塊錢有7角的利潤。當然也是因為房間的營運成本（包括房間變動成本及人力成本）都較其他部門為低的原因。

(三)餐飲部

　　在大多數旅館中，雖然客房部門是其收入主要的來源，但不一定永遠如此。就台灣而言，飯店的餐飲收入大於客房收入。如渡假聖地或會議型旅館其餐飲部門的收入，往往與房務部門相等或擁有更多的收入，這是在客人留宿旅館的前提之下；同時，因為他們正在渡假，所以對餐飲價格的敏感度可能較低。在會議旅館中，餐飲的食物銷售大量來自餐館、宴會廳和酒吧。

　　此外，宴會收入在某些旅館中可以占旅館餐飲總收入的50%以上。承辦宴席在大部分的市場中，被視為是一個高度競爭的事業，一個好的宴席部門必須擁有各方面的專才，他們完整豐富的專業知識、才能，保證了宴席的成功。好的宴席部門擅長於銷售、菜單設計、餐飲服務、成本控制、舞台設計及藝術天分和戲劇感；以上這些都要有充足的技術和知識，同時也要能靈巧的運用旅館設施及所有器材。

(四)人力資源部

旅館是一個以人為導向的事業,員工可以說是旅館最大的資產,員工的素質及訓練,絕對是旅館服務品質的重要因素。因「人」相關的許多問題,始終是旅館管理中最難解決的問題。許多旅館專家都同意,旅館管理成功的關鍵由兩個C來決定,那就是旅館的所有員工能夠充分合作(cooperation)及溝通(communication),旅館各部門的主管,都會同意一件事,那就是每天要花很多的時間與各部門協調及溝通。今日的人力資源部門除了扮演新進人員的徵募、訓練,員工的在職訓練、評鑑、激勵、獎勵、懲罰、生涯發展等,亦為人力資源部門亟應努力的方向。

(五)行銷部

行銷部包括業務及廣告公關行銷兩部分。業務行銷的任務為:

1.確認旅館的潛在顧客。
2.盡可能包裝旅館的產品及服務,以符合那些潛在顧客期望的需求。
3.說服潛在顧客成為顧客。

事實上,旅館各部門或多或少扮演著行銷旅館的工作,例如前檯接待人員,當客人check-in時可促銷較高房價給住客,並且要讓住客有超值的享受之待遇。同樣是接待工作,優秀的前檯接待人員,在扮演促銷的角色時,有時甚至比業務部門的人員更為出色;又例如行李員有時要推薦旅館的餐館給客人,也都是由各個不同部門的人,一起執行旅館業務行銷的工作。如果各部門都能夠適度的扮演好自己行銷旅館的角色,對於業務行銷部,可以說是減輕了許多行

銷部門的負擔。

　　廣告公關部則是希望經由廣告及媒體報導來創造旅館正面形象，吸引顧客。最常被使用的公關技巧是發布有關旅館員工及顧客的一些最新活動消息，或是旅館經理人員和員工參與社區服務的新聞，而會議行銷經理則專門開發及接受團體和會議的預訂。

(六)財務部

　　飯店的會計與財務在飯店經營業務活動中扮演著理財的工作，對飯店的管理和經營占有十分重要的地位。

　　旅館財務部負責追蹤每天發生在旅館中許多商業交易的記錄；而會計部的責任則包括：

1.預測及編列預算。
2.已收帳款及應收帳款的管理。
3.控制現金。
4.控制旅館所有部門的成本、收入核心及員工薪資等。
5.採購、驗收、物料配送、存貨控制（包括餐飲、房間供應品、家具等）。
6.保存紀錄、準備財務報表和每日營運報表，依據這些報表向管理階層做報告。

　　為了完成這些多樣性的功能，財務會計部門的財務長，必須倚靠手下的稽核、出納和其他會計人員。根據蔣丁新與張宏坤（1997）指出，飯店財務管理的意義為保證飯店資金供應、開源節流，提高飯店經濟效益、提高飯店經營管理水準、提供飯店經營決策的必要資訊及財務管理的重要性等。陳哲次（2004）指出，旅館財務分析主要目的為瞭解飯店財務結構能力、解答有關經營管理的問題及提供不同使用者，作為決策的相關資訊。

百變旅館

ZAP NAP POD

　　為什麼會有Zap Nap Pod出現呢？這是由Tom與Karen發明的，有一次因為班機延誤，他們被困在達拉斯機場裡，到處都找不到一個舒服的地方休息，最後終於發現有一些椅子，所以Tom在Karen的膝蓋上小睡一下，而Karen在Tom的肩上小睡一下，之後為了使人們在機場等待時，有一個舒服的地方可以讓候機的人小睡一下，於是就開始設計一個方便的休息場所，所以隨拉即睡艙（Zap Nap Pod）從此誕生。

　　這個隨拉即睡艙的設計對於有習慣小睡的人來說實在是太重要了，它在美國各大機場都有設立，和日本的膠囊旅館房間類似，設計就像貓咪運輸箱，每個長方形7×4×4英尺大小的艙房都有隔音設備，且都設有舒適的枕頭、床墊、電話、拉開式的電視機、網路線和收音機，你還可以聽很多使人放鬆的音樂。但您也別擔心您會錯過班機，隨拉即睡艙的服務人員會及時叫醒您搭機。已經有很多乘客在丹佛國際機場鼾聲大作，其他機場也在陸續興建中，包括舊金山和亞特蘭大，每半小時收費10美元。

資料來源：

1.http://www.zapnappod.com/index.htm
2.格林堡（Peter Greenberg）著（2005）。《旅館達人》。台北：時報
　出版。

(七)工程部

照顧旅館的設備、設施及控制能源成本是工程部門的主要責任。建築物、家具、室內裝備、器材的設施保養是必要的,主要的原因是:

1.減緩旅館設施、設備的折舊。
2.保持所建立的旅館最原始的形象。
3.保持收入中心繼續運作順暢。
4.保持旅館財產對顧客與員工的舒適度。
5.維護旅館財產對顧客與員工的安全性。
6.保持修補及器材替換至最小程度,以減低成本。

 # 第二節 住宿設施的類型

有關住宿設施類型,根據經濟合作暨發展組織(The Organization for Economic Co-operation and Development, OECD)的分類,共計有十種,包括:hotel、motel、inn、bed and breakfast、parador、youth hostel、timeshare and resort condominium、camp、health spa和private house。另附加三類為類似旅館之住宿與輔助性的住宿,例如渡假中心的小木屋(bungalow hotel)、出租農場(rented farm)、水上人家小艇(house boat)及營車。茲就上述十種分類分別說明如下(吳勉勤,2006)。

一、旅館

依地點、功能、住房對象、經營方式可分為不同性質的旅館：

(一)商務旅館（commercial hotel）

1.地點：多集中於都市中。
2.對象：主要是商務旅客。
3.服務內容：精緻體貼。如商務中心、客房餐飲服務（room service）、游泳池、三溫暖、健身俱樂部等。

(二)機場旅館（airport hotel）

1.地點：位於機場附近。
2.對象：商務旅客、因班機取消暫住之旅客、參加會議之消費者。
3.服務內容：特色為提供旅客機場來回的便捷接送（shuttle bus）及停車方便。

(三)會議中心旅館（conference center hotel）

1.地點：以會議場所為主題之旅館。
2.對象：參加會議人士。
3.服務內容：提供一系列的會議專業設施。

(四)渡假旅館（resort hotel）

1.地點：位於風景區之休閒旅館。

2.對象：事先預定渡假休閒的客人。

3.服務內容：戶外運動及球類器材、健身設施、溫泉浴等，依所在地方特色提供不同的設備，均以健康休閒為目的。

(五)經濟式旅館（economy hotel）

1.地點：郊區、城鎮。

2.對象：設定預算之消費者，如家庭渡假者、旅遊團體、商務和會議之旅客。

3.服務內容：設施、服務內容簡單，以乾淨的房間設備為主。

(六)套房式旅館（suite hotel）

1.地點：都市居多。

2.對象：商務旅客、找房子客人的暫時住所。

3.服務內容：設備齊全，如客廳、臥室、廚房等。

(七)長期住宿旅館（residential hotel）

1.地點：都市、郊區。

2.對象：停留時間較長的客人。

3.服務內容：方便客人使用的廚房、餐廳、小酒吧和清潔服務。以Marriott系統之Residential Inn為佼佼者。

(八)賭場旅館（casino hotel）

1. 地點：賭場中或附近（如美國拉斯維加斯）。
2. 對象：賭客、觀光客。
3. 服務內容：設務豪華，邀請知名藝人作秀，提供特殊風味餐和包機接送服務。

Ballys賭場飯店

二、汽車旅館

1. 地點：高速公路沿線或郊區。
2. 對象：駕車旅行的客人。
3. 服務內容：便利的停車場及簡單的住宿設施。

三、客棧（inn）

1. 地點：都市郊區（在歐洲，客棧具淵遠流長之特質）。
2. 對象：旅途中欲歇腳的旅客。
3. 服務內容：大部分房間較不多，餐食多為套餐式（set menu），極富人情味，相當於客棧服務的住宿，在歐洲稱為pension。

四、民宿（B & B及bed and breakfast；亦可稱為home stay）

1.地點：都市郊區或鄉間（最早流行於英國，目前在美國、澳洲、英國頗受歡迎）。
2.對象：不限。自助旅行者以學生較多。
3.服務內容：提供房間並供早餐，通常由主人擔任早餐烹調工作，具人情味。

宜蘭民宿

五、巴拉多（Parador）

1.地點：由地方或州觀光局將古老而且具有歷史意義的建築改建而成的旅館就稱為Parador。例如歐洲一些古老的修道院教堂或城堡改建成的旅館。美國的國家公園和特定的州公園系統中有提供此種住宿方式。
2.對象：觀光客。
3.服務內容：提供房間、三餐，同時也使觀光客能感受到中古世紀文化之藝術氣息。

六、青年旅社或青年之家（youth hostel）

1.地點：城鎮郊區（歐洲、美國、紐澳盛行）。
2.對象：自助旅行（以青年居多）。

3.服務內容：設施有限，房間大多爲通鋪式，但有附設廚房，
客人可自行煮食。沐浴設備則爲大衆式，公共使用。

七、輪住式和渡假公寓（timeshare and resort condominium）

1.地點：渡假區域。
2.對象：購買者及租用者。
3.服務內容：設備齊全，房客可依需求協調配合享用住宿權
力，具經濟效益。

八、營地住宿（camp）

1.地點：公園及森林遊樂區。
2.對象：露營觀光客。
3.服務內容：提供架設營帳及周邊露營配合設施。

九、健康溫泉住宿（health spa）

1.地點：溫泉渡假區。
2.對象：針對追求健康和恢復元氣之消費者。
3.服務內容：旅館設備已由原先治療疾病的配備進而推廣到目
前以減肥和控制體重爲重心的各類豪華設備。

十、私人住宅（private house）

1.地點：私人住宅。

2.對象：海外遊學團體或學習語言之學生訪問團體。

3.服務內容：一般住家的接待，住宿者通常能增加學生語言之機會和促進對當地文化的瞭解。

　　上述各種住宿設施，僅就其可提供旅客住宿之場所做一區分。以住宿為目的之分類法，除了公寓旅館外，不能依字面上來區分。因投宿於開會用大型旅館的旅客，不僅是與會人員及其他從事商業的人士外，觀光客也很多。同樣地，商用旅館的住客除了工商業人士，觀光客也不少。因此這種分類法只可概括性地表示旅館的性質而已。

分時度假（Timeshare）

「分時度假」的定義：

1.根據Real Estate Timesharing Act CH721 Florida的解釋：「所有以會員制、協議、租契、銷售或出租合同、使用許可證、使用權合同或其他方式做出的交易設計和項目安排，交易中，購買者獲得了對於住宿和其他設施在某些特定年度中低於一年的使用權，並且這一協議有效期在三年以上。」

2.根據European Union Timeshare Directive的定義：所有的有效期在三年以上、規定消費者在按某一價格付款之後，將直接或間接獲得在一年的某些特定時段（這一期限要在一週之上）使用某項房產的權利的合同，住宅設施必須是已經建成使用、即將交付使用或即將建成的項目。

分時度假公寓沒有固定的地點，如同旅館一樣。美國的

Timeshare（公寓）房是一種作為娛樂而分時間段賣的度假用房子，它把一個不固定的度假公寓分成五十二週，每一個購買者的基本單元是買一週，當然也就只能住一週。縱觀它的發展歷史，分時度假房的歷史還不到三十年。據不完全統計，在美國的分時度假房的戶主已有六百多萬戶，而另一方面，上千家的各類大大小小分時度假公司已遍及美國各地，在歐洲各地也很盛行。

由於這種房子沒有固定的地點，如同旅館一樣，只要在某一個度假公司買這種分時度假房，就可以在整個公司範圍內的任何地方享用那一週的時間。而這類度假公司，在美國一般都有幾十個它的度假村，花幾千到幾萬美元不等就可以擁有這麼一個虛擬的一週度假房，你可以在全美各地該公司所屬的村裡，免費享用屬於自己的那一週，還可以在任意時間，花很少的錢，如30美元一晚在這些度假村裡度假。此外，利用一個RCI公司提供的國際網路交換平臺，你還可以把自己的那一週時間和其他國家的人作交換，即便是發展中的中國海南、三亞等地也可以透過RCI的交換平臺，免費在那裡度假。此外，這種房子還是一個好的投資機會，不需要的時候就可以隨時賣掉。這一切的優點和福利，故買者會覺得這是一個絕佳投資機會。但提醒購買者要相當謹慎，如買了這分時度假，但轉賣時可能要自己賣，如果賣不出去其管理費可能要考慮進去。此外，在購買分時度假房時，買主最好要將購房協議看清楚，瞭解合約內容，以瞭解自己的權利與義務。

資料來源：

1.美景旅遊Blog：http://blog.mjjq.com/archives/113.html
2.roaming的個人空間：http://gate.sinovision.net:82/gate/big5/blog.
  sinovision.net/home.php?mod=space&uid=48210&do=blog&id=74179

第三節　連鎖旅館的類型

本節將針對連鎖的基本型態、連鎖旅館的意義、旅館連鎖經營的背景、旅館連鎖經營的主要目的、連鎖旅館的組織型態、參加國際連鎖旅館的優缺點、加入連鎖旅館的條件、旅館連鎖系統所提供的服務、連鎖旅館與航空公司的關係及旅館連鎖獨特性的呈現等相關內容做進一步說明如後（吳勉勤，2006）：

一、連鎖的基本型態

一般而言，旅館連鎖的基本型態可分為直營連鎖及加盟連鎖兩種，加盟連鎖又可分為特許加盟、委託經營管理、業務聯繫連鎖、會員連鎖等四種。

二、連鎖旅館的意義

所謂連鎖旅館（hotel chain）係指兩家以上組成的旅館，以某種方式聯合起來，共同組成一個團體，這個團體即為連鎖旅館。換言之，一個總公司（headquarters）以固定相同的商標（logo），在不同的國家或地區推展其相同的風格與水準的旅館，即為連鎖旅館。

三、旅館連鎖經營的背景

(一)擴大企業規模

在台灣各大都會區中,大小旅館因應經濟快速成長,如雨後春筍般的設立,競爭日趨白熱化。各旅館為求在市場上占有一席之地,無不強化內部管理,運用促銷戰略,設置多樣化服務設施,甚至採取連鎖經營等。管理的方式是可以改變的,促銷戰略亦可加以活用,服務設施也可變換,唯有旅館設置的地點無法改變。由於旅館出租的房間數受地區及時間上的限制,無法在同一地區無限制的發展下去,為求擴大發展,勢必另覓其他適當的地區,旅館業如要擴大企業結構,應在各地點選擇據點,以連鎖(或加盟)方式組織起來,才能拓展績效。

(二)發展業務與降低成本

將各地的連鎖旅館結合起來,成為一平面式的銷售網路,彼此間可相互推薦、介紹,尤其是品牌的知名度打響後,可統一宣傳、廣告、訓練員工及採購商品等,不僅能節省銷售及廣告宣傳費用,同時也增加了宣傳上的效益,無形中替公司創造了另一筆財富。

四、旅館連鎖經營的主要目的

旅館的連鎖經營可以降低經營成本、健全管理制度;提高服務水準,以提供完美的服務;加強宣傳及廣告效果;共同促成強而有力的推銷網,聯合推廣,以確保共同利益;給予顧客信賴感與安全

感，至於其經營的主要目的，不外乎下列五項：

1.共同採購旅館用品、物料及設備。

2.統一訓練員工，訂定作業規範。

3.合作辦理市場調查，共同開發市場。

4.成立電腦訂房網路，建立一貫的訂房制度。

5.以固定相同的品牌，提高旅館的知名度並樹立良好的形象。

由此得知，旅館連鎖經營之優點及其目的，惟少數旅館業者未諳經營管理之道，致生意蕭條，無法支付權利金或其他原因，最後只好退出連鎖旅館體系。因此，在加入連鎖旅館體系前，必須先審慎評估及考量飯店本身軟、硬體條件後，再做一適當抉擇。

五、連鎖旅館的組織型態

連鎖旅館規模小者僅有數家旅館如康橋大飯店；較大者則擁有數百（千）家旅館，如Holiday Inns、Westin、Regent、Hyatt、Hilton等，此種龐大的組織組成的方式共有七種，分述如下：

(一)直營連鎖

即由總公司直接經營的旅館。各連鎖店的所有權及經營權均屬於總公司，總公司對各分店擁有絕對的控制及管理權，旅館連鎖的各項作業及活動，均由總公司統一規劃及制定。例如福華大飯店（台北、桃園、台中、高雄、墾丁）、國賓大飯店（台北、新竹、高雄）。

(二)收購既有旅館（或以投資方式控制及支配其附屬旅館）

在美國最典型的方法，是運用控股公司（如Holiday Inns、Regent）的方式，由小公司逐步控制大公司，凡擁有某家旅館股權的40%，即可控制該旅館。總公司以收購（purchase）的方式逐步支配或控制各旅館。

(三)租賃連鎖

在美國及日本有很多不動產公司或信託公司，其本身對於旅館經營方面完全不熟悉，但鑑於旅館事業甚有前途，於是即與旅館連鎖公司訂立租賃合同，由不動產公司或信託公司建築旅館後，租予連鎖旅館公司經營。我國目前亦有許多旅館以承租方式連鎖經營。

(四)委託經營管理

委託經營管理（management contract）係指旅館所有人對於旅館經營方面陌生或基於特殊理由，將其旅館交予連鎖旅館公司經營，而旅館經營管理權（包括財務、人事）依合約規定交給連鎖公司負責，再按營業收入的若干百分比給連鎖公司，如老爺大酒店及嘉義耐斯王子飯店便是委託日航國際連鎖旅館公司經營管理。

以上四種連鎖方式的旅館，由總公司直接掌管或間接參與經營和支配，在經營型態方面，屬於正規連鎖（regular chain）者為多。

(五)特許加盟

特許加盟（franchise）為授權連鎖的加盟方式。係各獨立經營的旅館與連鎖旅館公司訂立長期合同契約，由連鎖旅館公司賦予獨

立經營的旅館特權參加該組織體系。以此種方式加入連鎖組織的各獨立旅館，與正規的連鎖旅館一樣，使用連鎖組織的旅館名義、招牌、標誌及採用同樣的經營方法。換言之，連鎖旅館總部以契約方式特許（授權）給加盟者，使用總部之商標、服務標章及其發展之產品、服務、技術、專利營運制度及其他營運支援作業，來共同經營連鎖企業。此種連鎖經營方式對加盟者約束力較高，加盟者經營彈性極低，必須遵照總部之指示。

　　此類經營方式的旅館，只懸掛這家連鎖旅館的「商標」，旅館本身的財務、人事完全獨立，亦即連鎖公司不參與或干涉旅館的內部作業；惟為維持連鎖公司應有的水準與形象，總公司常會派人不定期抽檢某些項目，若符合一定標準則續約；反之，則可能中止簽約，取消彼此連鎖的約定。而連鎖公司只有在訂房時享有同等待遇而已。授權連鎖的加盟方式，為加盟者保留經營權與所有權，至於加盟契約的簽訂，則包括加盟授權金、商標使用金、行銷費用及訂房費用等。凡參加franchise chain的旅館負責人，可參加連鎖組織所舉辦的會議及享受一切的待遇，並得運用組織內的一切措施。此種方式為最近數年來最盛行的企業結合方式之一。目前號稱世界最大的連鎖旅館公司──Holiday Inns，即屬於以franchise的方式參加連鎖的獨立旅館（這種方式的費用負擔較management contract為低，其費率亦因公司、地區不同而互異）。台灣目前的加盟旅館有中信旅館（如台中兆品酒店、台北新莊翰品酒店、中壢中信大飯店等）及新店中信商務會館等。

(六)業務聯繫連鎖

　　業務聯繫連鎖（voluntary chain）係指各自獨立經營的旅館，自動自發的參加而組成的連鎖旅館。其目的為加強會員旅館間之業務

聯繫，並促進全體利益。

(七)會員連鎖

會員連鎖（referral chain）屬共同訂房及聯合推廣的連鎖方式。例如國內亞都旅館為Leading Hotels of the World國際性旅館之會員。

六、參加國際連鎖旅館的優缺點

(一)優點

◆品牌的信賴

1. 會員旅館可以冠用已成名的連鎖旅館名義及利用其標誌。對於招攬顧客及提高旅館身價及形象、效果甚佳。如Hilton、Sheraton等各連鎖旅館，冠用其名稱，頗具號召力。
2. 容易獲得金融界的貸款支持。在美國凡參加連鎖組織者，比較容易獲得銀行界之貸款。因加入了知名的連鎖旅館，在經營方面有如獲得無形保障。

◆國際連線訂房的優勢

1. 利用連鎖組織，便利旅客預約訂房，各旅館間也能互送旅客，提高住房率。
2. 可參加國際訂房系統，如Utell、SRS等，提高預約訂房，爭取顧客來源。尤其近來國際網際網路的發達，更加強了連鎖預約訂房的效果。

◆良好的管理作業

1.對於旅館建築、設備、布置、規格方面，提供技術指導。

2.統一調派人員經營管理。

3.設計一套可以降低成本的標準作業程序（Standard Operation Procedure, SOP），供會員旅館使用。

4.定期指派專家檢查設備及財務結構，藉以維持連鎖旅館的風格及正常營運。

5.統一規定設備、器具、用品、餐飲原料之規格，並向廠商大量訂購後分送各會員旅館，以降低成本及保持一定之水準。

6.推行有效的技術管理。各連鎖旅館的報表及財務報告表可劃一集中統計，瞭解各單位之業績，促進發展改善。

◆國際行銷的推廣

1.以雄厚的資金及龐大的組織推廣業務，擴大企業結構。

2.有益於全國性廣告宣傳、互換情報及加強人才留用，並對業務推廣有很大的幫助。

3.以集體方式從事宣傳活動，其效果較個別宣傳爲大。

4.提供市場調查報告，供會員旅館確定經營方向。

5.負責或協助會員旅館訓練員工，或安排觀摩實習計畫。

6.運用各種方式招攬顧客至會員旅館住宿：

(1)與航空公司或汽車租賃業（car rent）保持密切業務關係，以招攬顧客。

(2)向專門設計安排遊程的大旅行社（tour operator、tour wholesaler）推銷其連鎖旅館，並確保旅行社應得的佣金。

(3)與銀行界合作或聯名發行信用卡（credit card），促使廣大

的消費群（信用卡會員）利用信用卡照顧連鎖旅館。

(4)運用連鎖組織，各會員旅館互相利用廣大的預約通訊網，可以獲得迅速可靠的預約，再者，凡參加連鎖的旅館，都能提供一定水準的設備與服務。

(二)缺點

參加連鎖組織的缺點大致有以下三點：

1. 每年應向總公司繳納一定數額的權利金，對於一個新企業而言，可能負擔較重。
2. 總公司干涉企業內部營運，如經營方法、人事調派等，尤其是高階主管異動頻繁。
3. 申請加入連鎖時，總公司要求甚多，如硬體設備、內部動線、裝潢等，在改建作業或開支方面，不無困難。

七、加入連鎖旅館的條件

各連鎖旅館公司為保持其特有的風格與水準，無不嚴格規定各參加組織的旅館應具備之條件。其條件內容，各連鎖旅館各有不同的規定，但大致規定如下：

1. 應擁有一定數目的客房，例如：一百間客房以上，客房內設有浴室、彩色電視機、鋪地毯等。
2. 應擁有足夠的會議設施（convention facility）、宴會設施、高級餐飲設施、游泳池、停車場（parking lots）、會客室等。
3. 懸掛連鎖旅館公司的標誌，並參加及遵守公司規定的預約訂房系統（reservation system），或向公司購買器材用品等。

八、旅館連鎖系統所提供的服務

1.全體一致的商標。
2.經營管理的知識與指導。
3.各項設計諮詢。
4.人員的教育訓練。
5.有力的行銷廣告。
6.全球電腦連鎖系統訂房。

九、連鎖旅館與航空公司的關係

　　航空事業愈發達，旅客數量愈驚人，搭機的乘客要求航空公司代訂房間也愈為頻繁，因此造成一些大型航空公司朝向這方向推展業務，如聞名的日航連鎖旅館系統以及長榮航空除了在各大都市興建旅館外，亦將觸角擴及世界各國。因此連鎖旅館與航空公司的關係，已經發展至息息相關、相輔相成的局面。航空公司依靠其旅館事業發展客運業務，而旅館事業則依靠航空公司擴大市場招徠顧客。

十、旅館連鎖獨特性的呈現

　　由於旅館連鎖加盟市場發展蓬勃，品牌家數及總開店數不斷增加，為面對競爭的市場，旅館連鎖之發展已是刻不容緩，茲就其獨特性的呈現方式，概述如下：

百變旅館

台灣觀光飯店與國際酒店集團合作一覽

飯店名稱	投資業主	合作對象品牌	合作型式
台北文華東方酒店（2014年3月開幕）	中泰賓館	文華東方酒店 Mandarin Oriental	經營管理
台北宜華大飯店（2014年底開幕）	西華飯店	萬豪酒店 Marriott	加盟
台北君悅大飯店	新加坡豐隆集團	凱悅飯店集團 Grand Haytt	經營管理
台北晶華酒店	晶華國際酒店集團	麗晶酒店 Regent	經營管理
台北遠東國際大飯店	遠東集團	香格里拉飯店集團 Shangri-La	經營管理
台南遠東國際大飯店			
台北W飯店	太子建設	喜達屋國際酒店集團（Westin, Sheraton, Meridien, Four Point）	經營管理
台北威斯汀六福皇宮	六福旅遊集團		加盟
台北喜來登飯店	寒舍餐旅集團		加盟
台北寒舍艾美酒店			加盟
中和福朋喜來登飯店	瓏山林建設		加盟
新竹喜來登飯店	豐邑建設		加盟
台北老爺酒店	互助營造	日航酒店集團 Nikko	加盟
台北大倉久和飯店	長鴻實業	日本大倉飯店 Okura	經營管理
華泰王子飯店	華泰飯店集團	日本王子大飯店 Prince	加盟
劍湖山王子大飯店	耐斯集團		加盟
深坑假日酒店	海灣科技	洲際酒店集團 Holiday Inn	加盟
台中公園快捷假日酒店	永紅集團		加盟
台中日月千禧酒店	午陽集團	千禧國敦酒店 Millennium	經營管理
高雄義大皇冠假日酒店	義聯集團	洲際酒店集團 Crowne Plaza	加盟

資料來源：姚舜（2013）。

1.額外服務：提供額外附加價值的服務，可吸引到更多的顧客。

2.創意行銷：適時適地舉辦促銷活動，吸引不同的消費者。

3.產品組合：適時搭配其他相關產品，提高競爭優勢。

4.優質加盟者：爭取優質加盟者進入連鎖行列，塑造新形象。

綜上所述，為順應國際潮流，加入世界著名的連鎖組織，已為旅館業今後永續發展的途徑之一。藉由旅館連鎖的力量、網路運用及電子商務的結合，成為重要實體的通路，以爭取更多旅客，同時在著名的連鎖旅館當中，我們可以學習更多、更新的經營理念及管理方法，進而改善旅館內部營運及設備，以提高接待旅客技術及服務水準。可見，旅館的連鎖經營在未來的旅館管理中，將扮演著極為重要的角色，其方式亦將趨向廣泛化、複雜化、多樣化及永續性之發展，因此未來在連鎖市場中，如何靈活運用虛擬網路與實體旅館的結合，將成為未來致勝的關鍵。

 # 第四節　個案與問題討論

【個案】旅館典範——日本加賀屋

圖書館前的鳳凰樹開的花又大又紅，卻掩飾不了我內心的失落，送走今年的畢業生，內心除了感動外，有更多的不捨，那種酸酸麻麻說不出的莫名其妙的感覺！雖然知道畢業是學生們人生的另一階段的開始，但不知道為何？自從母親過世後，我就很怕參加道別的場合。回到研究室後，為了轉移這種感覺，直覺地從書架中

取出前兩天才郵購的書《究極之宿——加賀屋的百年感動》，蟬連三十年日本第一，傳奇旅館的待客之道。可能是因為接觸餐旅二十多年，對日本的旅館服務一直相當佩服的關係，一口氣就將這本書讀完，對加賀屋的女將除了敬佩外還有無限的感動，我個人強烈建議餐旅業的從業者如果有機會應該閱讀一下，相信應該對旅館「服務」會很有感覺與感動。以下摘錄加賀屋在旅館業所獲得的榮譽及待客之道：

由日本旅遊專業報紙《旬刊旅遊新聞》所主辦的專家票選日本飯店‧旅館一百選活動，加賀屋再度榮獲綜合排名第一名，締造連續三十年奪冠的傲人成績，成為業界津津樂道的盛事。擁有投票權的「專家」，是全日本有牌照和營業牌照的旅行社，2013年約有二萬家參與投票；以及由日本旅行業界專家所組成的選考審查委員會。而整個評選分成四大部分：「服務、料理、設施和企劃」，專家們針對這四大部分加以評比決選，分別列出自己心目中的各項前十名，最後再統合所有資料，列出各單項前一百名，及四項綜合的前一百名。「服務」項目注重的是以客為尊的真心服務、親切應對、導覽和環境清潔等，務必讓旅客得到最大的滿足；「料理」所注重的不只是菜色的質與量，也執著於菜單的合宜性、出菜和收菜的方法與禮儀；「設施」的重點在於硬體設備，如客房、大浴場、宴會場等地方的安全性及舒適性；「企劃」方面則是考核各旅館是否能發掘自己的特色並加以活用，企劃出特殊的商品及活動等。

在這場競賽中，雖然每個項目分別選出一百家，但對全日本四萬六千家的飯店、旅館而言，不論是哪一個項目，是要能獲選入其中一個，就是很大的鼓勵與肯定，遑論最後被選入綜合前一百名，甚至名列綜合前十名榜單，更是莫大光榮！

歷年來，綜合前十名的名單經常變動，唯有加賀屋持續三十年穩坐冠軍寶座。對加賀屋來說，競爭對手不只是全日本的飯店和旅

館，更是它自己！如何維持這項殊譽、精益求精超越自己，變成加賀屋全館上上下下努力不懈的目標；對其他業界而言，加賀屋的人氣攍步和成功秘訣，是大家好奇和關注的焦點。

　　書中分享讓我很感動之處有加賀屋替住客準備陰膳，「小松爸爸的陰膳」，所謂「陰膳」就是日本習俗，在用餐時為遠行家人或故人準備筷子和餐食，除了緬懷弔念，也蘊含為家人祈福之意。在這則真實用心的服務中，讓小松母子感覺爸爸的面容栩栩如生，因為全能管家（客室係）的善體人意，當晚，彷彿小松爸爸也在場跟他們共度美好的假期！此外，內文分享一則住宿就是一場身心療癒之旅，提到在加賀屋內，不論何時、何地，永遠是客人最大，即使已和客人熟如一家人，但是在穿著和服制服服務時，仍然要保持和客人之間保持適度的距離，有如主僕的朋友關係，「有點黏又不會太黏」，對方需要時就要在眼前，對方不需要時自動離開，巧妙保持距離的體貼服務，是加賀屋全能管家（客室係）勝過他館的迷人魅力。有關客人的投訴，加賀屋當成是旅館的財富般對待；以人為本的管理哲學，如用心凝聚員工的向心力，女將很照顧員工，故有些員工將感激化為動力，誓言將永遠為加賀屋效力；對於每一個細節都很用心，如旅館內部的擺設與規劃有如美術館等。

　　Wow，已經半夜了，除了佩服外，更是感動，所以睡神也感動地忘記催我睡覺呢！相信加賀屋的服務精神是非常值得旅館從業者學習的！

【問題討論】

　　1.請問討論國內外旅館的評鑑機構單位有哪些？
　　2.請問您認為成功旅館要件為何？

第三章

客務部管理

- 客務部服務的基本概念
- 客務部專業技能的培養
- 客務部作業管理
- 個案與問題討論

客房管理為旅館經營管理上必備的專業知識，不外乎是對人、事、物的管理。旅館業的經營模式，由簡易至多角化經營型態，正面臨轉型階段，逐漸具備食、衣、住、行、育、樂等功能，因此它需要更多人力、物力的相互支援。本章茲分別就客務部服務的基本概念、專業技能的培養、客務部作業管理及個案與問題討論。

第一節　客務部服務的基本概念

客務部（front office）又稱前檯，它在飯店中扮演著極為重要的角色，當每位旅客在抵達或退房離開旅館時，都會直接與前檯人員接觸，它已成為旅客第一印象與最後印象之主軸部門。故客務部門及其員工對建立旅館的形象和聲譽有著重要的使命。因此培養與訓練客務服務人員對旅館客務部組織之向心力及客務部人員應有的服務認知為重點。藉以培養員工強烈的責任感及自信，進而做到高品質的服務。故本節將針對客務部組織架構及工作職掌做進一步說明：

一、客務部組織架構

就旅館客務部門而言，所謂組織是要依其旅館大小編制旅館內各部門員工的職掌，亦可表示它們之間的關係，使每個員工的努力和工作合理化，而能趨向一個共同的目標，簡言之，客務人員在組織中能適才適所，以利推展客務工作，進而增加客人滿意且讓旅館增加收入。而一般國際觀光旅館客務部組織（**圖3-1**）可分為訂房組、服務中心、櫃檯接待、總機、商務中心、櫃檯出納等。

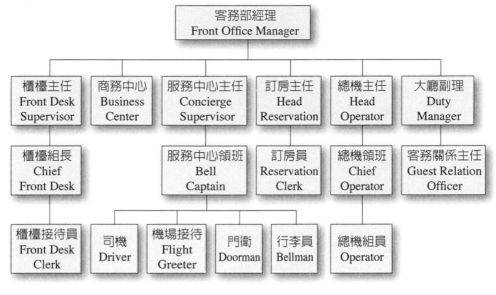

圖3-1 大型旅館客務部組織圖

資料來源：郭春敏（2003）。

二、客務部各部門工作職掌

客務部是旅館的神經中樞，掌控旅館日常的營運，其包括客人抵達旅館前與訂房組之預約房間接觸，直到客人下榻飯店之服務中心門衛與行李員之服務；櫃檯接待人員之住宿登記與房間安排；而當客人住宿時有關電話的使用，須與總機詢問；若爲商務旅客亦需商務中心的服務；最後當客人退房亦須至櫃檯出納處辦理退房手續等，以上林林種種爲客務部人員的工作職掌，茲說明如下：

(一)訂房組的工作職掌簡介

1.接受客人對於飯店房間型態、價格、基本設備及設施等之詢

問。

2.接受客人對飯店客房的預訂。

3.填寫各項訂房記錄。

4.在客人未抵達飯店前數天（依飯店之規定）與客人確認訂房。

5.製作各項訂房表格。

6.列印房間銷售狀況之各項相關表格。

7.建立及保存住客歷史資料。

8.處理各項與訂房相關之信件、傳眞、電話或E-mail之訂房相關
　工作。

9.對於業務部門或其他部門收受之訂房做後續之追蹤處理。

10.對於旅行社等相關團體訂房做安排。

11.飯店客房型態、房號位置所在及房間內部格局與陳設皆需熟
　　悉。

12.業務或企劃單位所推出之不同的套裝行程內容、價格等皆需
　　熟悉。

13.對已預定房間之客人做訂房保證金的預收。

14.飯店未來房間預定狀況、可銷售的房間狀況或未銷售完仍需
　　加強銷售之房間數，應隨時掌控及更新。

15.瞭解飯店房價政策及訂房員被授權程度，熟悉客房銷售技
　　巧，以便在銷售客房時予以妥善運用。

16.服從上級指示，完成臨時交辦事項。

(二)商務中心的工作職掌簡介

1.影印服務、名片製作服務。

2.翻譯與秘書服務。

3.傳送與接收傳眞。

4.收發快遞郵件與收發E-mail。

5.代客打字與查詢資訊。

6.協助客人上網。

7.飛機票等交通工具之代訂或代為確認。

8.電腦設施、影印設備等器材租借。

9.廠商訪問的預約及安排與會議室之租借和安排。

10.協助櫃檯留言。

11.雜誌之訂閱和清點。

12.入帳並結算每日報表，製作每月之月報表。

13.整理環境，補充所需之用品。

14.服從上級指示，完成臨時交辦事項。

(三)櫃檯接待與出納的工作職掌簡介

1.辦理個人與團體旅客住宿登記、房間引導及說明，並將資料輸入電腦。

2.隨時掌握最新住房情形，並保持電腦住房狀況的正確性。

3.客房鑰匙之收發、控制及遷出房間鑰匙的收回管理。

4.於訂房組下班後及休假時，負責處理訂房作業。

5.協助房客解決處理問題及顧客抱怨之處理，並向上級反應旅客意見。

6.依房客要求，處理換房、換房價手續，並通知有關單位配合。

7.澈底瞭解昨日住房率，當日住入、遷出之房間數，VIP姓名、身分，以及當日各餐廳的宴會資料與飯店所舉辦之活動。

8.保持工作場所的清潔、整齊。

9.交待事項記錄於交班簿裡。

10.確實瞭解飯店裡之各項設施、服務項目、房間型態及各餐廳

營業時間，以及飯店近日裡所要舉辦之各項活動等。

11.兌換外幣與退款作業。

12.辦理旅客之結帳工作。

13.提供有關單位房客資料之報表、配合飯店之業務促銷活動。

14.房客離店後及住宿期間，協助處理個人歷史資料的登記及輸入電腦。

15.服從上級指示，完成臨時交辦事項。

(四)總機的工作職掌簡介

1.轉接電話。

2.留言服務。

3.回答來電詢問有關館內活動之相關資訊。

4.喚醒服務。

5.代客撥打國內、國際長途電話。

6.旅館內外緊急和意外事件之通知。必須熟記各項緊急事件之聯絡電話及處理步驟。

7.熟練操作機房內之全館播音系統、付費電影片及客用網路系統之檢查。

8.全館緊急廣播及廣播系統之測試。

9.隨時注意監視系統之查看。

10.負責館內音樂之控制。

11.電話帳單之核對。

12.機場on the way回報，並將其回報寫於機場接待通知單上，送至櫃檯（Front Desk, F/D）及服務中心（Concierge, CNG）。

13.對於公司內部之營運情況等商業機密，必須嚴格保密。

14.查詢每日氣象簡報，可向國語國際台查詢。

15.負責電話聯繫傳達相關部門有關住宿旅客所有提出之服務要求。

16.服從上級指示，完成臨時交辦事項。

(五)服務中心的工作職掌簡介

1.前往機場、車站接送旅客。

2.協助旅客行李的運送與保管。

3.請客人至櫃檯辦理住宿登記及引領客人進入客房，介紹房內設施與使用方式。

4.遞送每日的早晚報。

5.旅客要離開時，協助搬運行李，並引導客人至櫃檯，辦理退房手續。

6.為離開旅館旅客搬運行李、招呼計程車供旅客搭車。

7.為館內住客提供留言、信件的服務，並送交給客人。

8.為館內住客提供寄信服務。

9.代訂、安排各種交通工具。

10.提供館內外資訊詢問的服務。

11.完成旅客交代的事項，如代訂鮮花、門票等。

12.維護大廳四周的安全及整潔。

13.服從上級指示，完成臨時交辦事項。

(六)夜間經理的工作職掌簡介

1.處理突發的意外事件如天災、火災等。

2.維護館內外安靜的環境，對大聲喧譁者應予以勸止。

3.防止有不法情事的發生，隨時注意是否有可疑人士逗留館內。

4.處理客帳上的各種問題。

5.對於入住館內的VIP客人，隨時留意其所需的服務。

6.接到客人抱怨時，要儘速處理。

7.指揮安全人員及警衛，加強館內設施環境的巡邏。

8.遇有住宿旅客或員工，身體病痛難受時，要儘速送醫治療。

9.如發生館內設施有損壞或故障情形，應請負責部門的同仁前
往修復。

10.對夜晚進出旅館的旅客，予以管制和過濾。

11.服從上級指示，完成臨時交辦事項。

百變旅館

美國酒店的主題房間

　　美國《酒店雜誌》主編傑夫・威斯廷先生認為，「現代
的人們不是只需要一個房間而已，他們希望能夠有一些新奇
的享受和經歷」。下面向您推薦一些酒店的主題性房間，希
望能增加旅館人創意設計之構想：

1.威尼托房間：加利福尼亞薑餅大廈酒店讓當地的畫家在
牆壁上畫滿了壁畫，讓住在這裡的客人感覺像是生活在
畫中。

2.電影套房：假日家庭勝景酒店位於佛羅里達州迪士尼附
近。房間內裝有60寸超大螢幕、立體環繞聲音響系統的
家庭劇院，你可以和明星在這共度夜晚。

3.史努比套房：加利福尼亞雷迪遜勝景酒店的房間和大廳
上的牆壁是史努比和花生嬉戲的遊樂圖，床單、鬧鐘、

簾子等也都是史努比圖案。

4. 搖滾之夜套房：芝加哥摩納哥酒店似乎是透過放在窗戶外的電視來觀看熱鬧的搖滾舞臺表演，及播出與當地的WXRT電臺合作的節目，包括黃金唱片、點唱機、電吉他和演唱會唱片等。

5. 約翰·藍儂套房：西雅圖的阿里克伊斯酒店在房間內放著藍儂兩張限量發行的作品，"Oh My Love"和"We Made Our Bed"，上面有Yoko Ono親筆簽名。您可以坐在火爐邊聽到藍儂的身歷聲歌聲。

6. 桃樂西·派克套房：對派克辛辣的筆觸感興趣的朋友可以到紐約阿爾岡琴族酒店，看看派克沒有發表的一些信件、回憶錄、詩歌等。

7. 史前山頂洞人房：加利福尼亞聖路易的Madonna Inn位於洛杉磯和聖·法蘭西斯科之間，如今已有四十八年的歷史，該酒店推出的史前山頂洞人房完全利用天然的岩石做成地板、牆壁和天花板，房間內還掛有瀑布，而且淋浴噴灑也由岩石製成，而浴缸是石製。該酒店還有美國麗人玫瑰房可供選擇。

8. 義大利貢多拉套房：鹽湖城週年客棧（Anniversary Inn）現在所有的房間都是主題房間，您和您的愛侶可以在貢多拉待整個晚上，裡面有床並且還配有一個特大號浴缸。驕奢生活過膩的大可選擇瑞士羅賓遜家庭套房，睡在樹上，體會一下簡單生活的舒爽。另外，想重演羅密歐和茱麗葉浪漫重逢的情人們，可以選擇羅密歐和茱麗葉套房。除了鹽湖城外、博伊西、猶他州的週年客棧也都有主題房間提供。

9.康康舞房間：阿拉斯加的費爾班克斯勿忘我和東方快車
酒店客人們睡在阿拉斯加18世紀晚期復古的火車廂內。
房間整個為紅色和金色，擺設有古式的桌子和當時的各
種小玩意。

10.艾德伽房間：俄勒岡西維亞海灘酒店掛在床上方的擺
鐘，烏黑的檀木箱，充滿了文化氣息。透過視窗可以
遙望海邊的波特蘭，在那裡誕生過多位世界著名的作
家，簡‧奧斯丁、馬克‧吐溫、愛麗斯‧沃克。任何
現代的科技產品如電視、收音機和電話都不存在，房
間有大量的藏書。

資料來源：
1.三峽熱線‧三峽寬頻網（2004）。網址：http://www.sanxia.net.cn/
news/seeit.asp?news_id=46322。線上檢索日期：2004年10月29日。
2.瑪利亞酒店（2004）。網址：http://www.madonnainn.com/tour/index.
asp。線上檢索日期：2004年10月29日。

第二節　客務部專業技能的培養

　　客務服務人員是代表旅館最先與客人接觸的人，而其表現攸
關旅館整體的評價，因此客務人員之專業能力素質就非常重要，
而旅館專業技能包括語言能力、溝通能力、管理能力、情緒管理
（EQ）、銷售技巧及人際關係等。此外，亦需具備服務的熱心、愛
心、耐心及同理心，且禮儀與親切的服務態度是我們給客人的第一
印象，亦將影響客人對我們的觀感。故本節首先介紹國際禮儀，其

次說明銷售技巧，進而分享溝通技巧、情緒管理與顧客抱怨處理。

一、國際禮儀

　　所謂「國際禮儀」意指國際上各國人士彼此來往所通用的禮節，此種禮節乃是人類根據許多文明國家的傳統行為、經驗與習俗，經多少年來的累積融合所形成。在旅館這個產業，注重的是客人與服務人員的人際互動，所以身為旅館人的您，在為客人服務之前，專業的知識、整齊的儀態和從容的應對技巧都是不可或缺的。小至為客人開門的門衛，大至掌管飯店的經理，個人的形象塑造，影響的層面不單單只是個人，連帶還可能影響到客人對旅館整體的觀感。好的企業形象，須靠每一位員工共同來塑造與維繫。因為你的外觀怎麼樣就會影響別人怎麼看你，身為旅館從業人員更應切記，在顧客眼裡，你所代表的就是飯店本身，而顧客對你的第一個印象，大部分取決於你的服裝儀容、言談舉止以及其他五官所能感覺到的一切。所以飯店必須培養每一位員工建立自信心及專業的形象，以有禮的態度去面對，方能有效提高員工的服務品質，並讓顧客感受到更體貼、尊重與禮貌的服務。

二、銷售技巧

　　人是一種感覺的動物，成功銷售的首要關鍵就在於「感覺」。感覺對了，一切好商量，感覺不對，「話不投機半句多」更別想要談到產品介紹或是成功銷售了。因此要讓顧客接受我們所提供的產品或是服務，前提要件，就是要讓對方接受、喜歡並且信任我們。所以，和顧客建立一個良好的關係，取得對方的信任，可以說是銷售第一個也是最重要的階段。就飯店業而言，推銷並不是強迫顧客

購買他們不想要的產品，而是讓顧客選擇他們真正需要的住房服務及備品等，客務人員首先必須瞭解顧客的需求，讓客人能享受飯店更精緻的設備與其他服務，藉此提高客人的滿意度且提高飯店的收入。其常見的推銷技巧，茲說明如下：

(一)向上銷售技巧

向上銷售的技巧主要包括下列三大項，茲說明如下：

◆價錢提高一點點（add-up）

此處所謂的技巧是指讓客人在原有的產品上，再加一點點錢便可購買到更好的產品，當然操作時有幾項重點需注意：

1.陳述只要再多一點價錢便可擁有更高級的享受。
2.不要陳述總價錢。如只要陳述再加500元，就有按摩浴缸可以讓您的疲勞得到充分的抒解。

◆從價錢高的開始賣起（top-down）

剛開始時提供價格高一點的產品，並且描述這些產品的優點及特色，尤其當遇到walk-in的客人時，使用此方法特別有效，因為一般walk-in客人或許要的是最好的房間，此時我們就可以把最貴的房間先賣出，此外，第一個建議通常會讓人感覺那是最好的建議。

◆提供客人選擇性的（alternative）服務

當服務人員提出不同項目供選擇時，會讓客人覺得一切都在自己的控制之中，並不是在服務人員猛力的推銷之下做的選擇，而且客人通常都以選擇中間價錢的產品居多。

(二)增銷

銷售價格是根據市場供需而異的，訂房人員和前檯人員可運用增銷（up sell）技巧來說服客人，使其願意增加支出，而入住更高一級的客房。一項好的銷售計畫可將每間房價立刻提高100元到300元的平均收入，增銷收入對底線價格有著巨大的影響。假如有一項好的銷售計畫，且業務人員做好銷售工作，那麼飯店的前檯和訂房組的銷售收入就可達到每月50萬至60萬元。不增加收入就等於減少收入，如果飯店沒有增加銷售收入，就等於每個月白白損失50萬至60萬元。

(三)客房銷售控制

◆最佳的客房銷售方式
最佳的客房銷售乃是住房率100%，但是如能持續維持高住房率且高利潤，則是旅館業應努力的重點。

◆超額訂房與客滿
旅館為求客滿，在接受時酌量超收是必要的，但並非不可計算與控制。通常每天可容許的超收比率尚無一定的數據，而是依訂房旅客的「不出現率」（no show），再參酌旅客的平均住宿天數，才能決定；如控制得當，可為旅館爭取更多的利潤。

◆訂金制度與訂房的推廣
隨著旅遊風氣的興盛及信用卡的普及，訂金的收取與保證訂房，已不會再增加訂房作業上任何的困擾，事實上，可成為雙方利益的最佳保障，是非常值得推廣的作業方式之一。因此，訂房組在

接受訂房時宜先向旅客講清楚說明白，才不致造成糾紛。

◆淡旺季價格與附加價值

客房價格可依淡、旺季或假日、平時等作不同的報價，更重要的是將飯店住宿變成套裝旅遊（package tour）的一部分，以增加附加價值（added value），如訂套房贈市區半日遊，或增加旅客舒適度。由於國際化趨勢，外籍旅客愈來愈多，為方便接受國外訂房及加強國際銷售網，可以透過旅行社、電腦網路或直接與國外訂房公司、旅行社或連鎖系統，建立長期合作關係。

◆銷售策略之訂定

客房銷售策略之訂定必須先瞭解市場現況，同業間營業之成長或衰退，考慮產品之差異、定位及業務推廣之方式與預算，適度檢討並加強產品包裝與宣傳（如適時利用節日、連續假期、元旦或聖誕節設計特殊活動等），以吸引更多顧客光臨消費。因此，業績成長之要訣，在於隨時掌握顧客需求，瞭解市場動態，不斷檢討修正營運方針與策略，並加強產品的包裝銷售及服務水準，以滿足顧客需要，提升本身競爭力。

◆增加營收之道

老闆對員工的評價，除了他對客人服務態度的好壞及員工相處的情形外，如以數量來評量，即應以其生產量來計算，由於櫃檯職員無法到外面去促銷，大部分的生意都是已經上門的，所以如果要增加產能，有賴櫃檯人員如何留住客人，或是想辦法讓客人多付些錢，高興的住下來。為了達成這個目的，每位櫃檯人員必須瞭解自己飯店客房的特色，如大小、色調、設備、景觀等，才能有效的說服客人。但須切記，絕不可強迫客人接受，尤其是客人面有難色或有其他友人在場，他不好意思拒絕時，要特別小心，否則很容易造

成事後的抱怨或拒付差額的情形。除了說服客人住較大或較貴的房間，可以增加營收外，另外櫃檯人員也要記住，在飯店中每位員工都是業務員，所以不只是負責客房的銷售，同時也要促銷飯店中的其他設施及服務，例如，隨時隨地提醒客人，使用飯店內的餐飲設施，並提供訂位等相關服務。櫃檯人員也應瞭解每個餐廳的特色，才能有效的促銷。

三、溝通技巧

溝通指的是以雙方理解的言語作為意見表達之橋樑，以達成協調雙方觀念認同之目的。飯店應依顧客的水準給予不同層次的交談，內容包含解釋服務的代價、服務內容、保證消費者的問題將會得到處理等。現代人的個人特質皆不同，飯店應該盡力做到滿足每個人的每一個不同的需求。但縱使是提供高品質服務，還是偶爾會發生顧客抱怨的情況，要完全避免顧客的抱怨並不容易，但重要的是這種情況下飯店如何清楚地解釋自己的服務行為，進而得到顧客的認同與諒解。因此身為一個客務人員，將溝通技巧學好是很重要的，因為旅館業是一個服務業，在與客人溝通中若不謹慎處理，在表達時就會發生我們常說的「說者無心，聽者有意」的窘境，此時顧客抱怨可能就會從中衍生而出。在溝通技巧中有幾項要素是我們必須要認識的，包括有語言的溝通、聲音的溝通和肢體語言的溝通，茲說明如下：

(一)語言的溝通

語言所指的就是你實際說出的話，包含了你所使用的國、台、英語等；語言溝通時需注意的事項有：

1. 用字宜淺顯：儘量使用客人可瞭解的用字，不要使用旅館的專業術語。盡可能用客人所講的語言與客人溝通，客人用英語，我們就用英語，客人用台語，我們就不要用國語，避免造成有溝但不通，有講沒有懂。

2. 重新複誦做確認：身為一個旅館從業人員，必須要很清楚的瞭解客人所要陳述的事件，並且簡單扼要的重複客人所提的需求，如此一來可降低客人所提之事項與服務人員之間因認知上的差距而造成的隔閡，遇到不懂時可請對方重新再說一次，直到聽懂為止，特別是碰到外國客人。

3. 確認對方是否瞭解：在做任何說明及解釋時，最後一定要記得詢問對方是否瞭解，讓對方有發問的機會，就不懂的問題繼續做詢問。

4. 耐心：耐心的講解可以協助人地生疏的客人，尤其是在表達有問題時。

5. 和善：運用和善的用語來陳述建議可以軟化愛挑毛病的客人脾氣。

(二)聲音的溝通

在與人溝通時會因為語氣、聲調、音量、音質及口頭禪等，往往會影響到有效溝通：

1. 語氣的平順單調常會讓人有不被尊重、不理不睬的感覺。

2. 聲調的抑揚頓挫能使客人從中體會你們的誠意與善意。

3. 當與人講話時，會因為音量太小使對方聽不見而須重複敘述，或因為太大聲使客人會以為服務人員在跟他們吵架（大小聲），而非溝通。

4. 常常話語中的口頭禪如：「這個嘛！」、「呃！」、「嘿

呀！」、「噢噢！」等會讓客人以為服務人員很不耐煩，不
願意靜下心來聽客人的陳述。

5.口語的干擾不易從我們的談話中除去，但藉由不斷的練習和
自我的提醒可以減少次數及發生的頻率。

(三)肢體語言的溝通

在非語言的溝通中最讓人熟悉的肢體動作便是藉由交談中：兩
眼的接觸、面部的表情、手勢、姿勢和姿態等。

◆兩眼的接觸

1.在和客人溝通時與客人目光的接觸，即兩眼直視著對方的眼
睛專心聆聽對方的陳述是一項基本禮貌。從眼光的接觸中雙
方可以瞭解到是否對方有用心在傾聽，以及說話時是否很有
自信的在交談著。若眼神不敢看著對方，對方可能會認為你
在說謊或只是想敷衍了事。

2.剛開始時你可能不習慣看著對方的眼神，此時不妨從看著對
方的鼻尖開始練習起你眼神的注視。

◆面部的表情

1.通常我們在和客人溝通時客人與我們都會看著對方的臉，從
臉上我們可以看出今天客人的心情是喜、怒、哀或樂。

2.當我們一進入飯店工作時可能主管都會要求我們見到客人便
要微笑，因為從臉部的微笑表情中，透露給客人的訊息是，
「我們是非常樂意替客人服務的飯店專業服務人員」。

3.並不是所有看到客人的時候皆需保持微笑，特別是當客人碰
到問題要來做顧客抱怨時，或不小心出糗時，此時他們的心
情一定很惡劣，若服務人員臉上仍然保持微笑的表情時，恐

怕客人會認為你是在取笑他。此時表情可能必須是很真誠且慎重的仔細聆聽客人的陳述。

◆手勢

1. 當我們看到很多人在溝通時都會加上手勢，包括談話時手的揮動、聳肩等。
2. 在與客人溝通中，特別是與外國人溝通時，言語又不是很順暢，便常會出現手勢的動作，此時為的只是要讓解說能夠更完整。
3. 藉由手勢的動作做溝通時，有一些特殊的手勢，如比食指的動作便是一項忌諱，因為不同區域、不同文化對手勢的解讀便有所不同。

◆姿勢與姿態

1. 俗語說：「站有站姿，坐有坐姿」，身為一個專業的飯店服務人員在姿勢上須非常重視。
2. 服務時不論是站或坐的姿勢，服務人員均需抬頭挺胸站得正及坐得正，以給客人賞心悅目的感覺。
3. 絕對不要將雙手抱在胸前與人交談，因為這種姿態代表著緊張、不同意或想保護自己的姿勢，這會讓顧客覺得有距離感，而顯現不出服務人員的真誠與熱情。

四、情緒管理

亞里斯多德曾說過：「任何人都會生氣，這沒什麼難的，但要能在適當地方以適當的方式對適當的對象恰如其分地生氣，可就難上加難。」身為一個飯店的客務服務員，每天需要面對不同形態的客人，每一種客人都有他們自己不同的需求，每一位客人會因

為他們的環境、情緒或其他因素等影響到自己的情緒（如客人常會因交通阻塞、天候不佳或長途搭機疲累等因素而至櫃檯對接待員抱怨）。因此，接待員必須要有同理心，耐心地聽完客人的抱怨，且儘速為客人服務。不過不管客務員如何盡心為客人服務，總有些客人會不滿意；因為有些客人會雞蛋裡挑骨頭，百般挑剔，因而影響到客務人員的情緒，使得我們整天悶悶不樂，雖然主管要求見到客人要微笑，但就是笑不出來，因為心情鬱卒而擺張臭臉，如此將連帶著影響到客人，因為你會覺得客人都是「ㄠˋ客」，因此嚴重傷害到飯店的聲譽。

基本上所有的服務人員都是希望自己能提供給客人最滿意的服務，但是有時候我們卻會碰到一些要求與別人較不相同、不合理或是標準和一般顧客不同時，情緒上難免會受到影響，如果此時服務人員不能適時地調整情緒，服務態度也就自然會受到影響。為了避免上述事情發生，很重要的便是自己做好心理建設，隨時接受挑戰。我們期待客務人員都能以智慧來經營生活，提高EQ（情緒智商），而這需要靠我們不斷地自我訓練與修練，因為唯有靠自己的意願與努力，且持續實行並進而內化成為習慣。

五、顧客抱怨處理

顧客抱怨常會出現在以服務人為主的旅館業中，其抱怨類別可分為產品和服務兩種，而其抱怨不滿之情況有：讓顧客等待時間過長、服務人員的服務態度不好，以及硬體設備或人為因素等三種；而其抱怨發生的原因是沒有明確的營業方針、沒有明確之標準作業程序、沒有審慎徵募員工、沒有蒐集客人資料的習慣、沒有瞭解客人的需求、沒有履行與客人之間的約定，和沒有瞭解市場競爭之情況等七種，清楚與快速地找出顧客真正的問題所在，並應盡力提供

方便、迅速且和藹的解決方法，協助顧客有效地解決與排除。

客務人員應設身處地從顧客的角度來看事情，試著抓住顧客的觀點和想法，要想做到這點，必須專注地傾聽顧客話中的涵義，正確地問出顧客的本意，給予顧客所希望得到的服務，用顧客希望的方式去對待他，不要用自己的觀點代替他的觀點。而顧客的抱怨大部分都是根據他自己眼睛所見到的來做評斷，針對顧客的抱怨，若能妥善地解決顧客問題，將會留給他極為難忘的印象，且客人將可能再度光臨；相反地，若是漠視顧客的抱怨，則將很容易失去一個客人。因此處理顧客抱怨時，是表現服務品質的最佳時機；不要畏懼在眾目睽睽之下，向客人低頭道歉，因為真誠的態度，並拿出效率迅速解決問題，不但贏得顧客的信賴，更讓旁觀的顧客留下好印象。如何處理顧客抱怨的原則，茲說明如下：

1.時效的重要性：
    (1)必須搶在尚可補救的時效內處理：許多錯誤在發生後至造成傷害前，仍有機會補救，故愈早發現愈早處理愈好。
    (2)最好在顧客離開前：多數之抱怨以當面解決最佳，許多從業人員認為旅客離開，抱怨即隨之結束，其實不然，相反地，持續的發展可能更難掌握。

2.人選的適當性：
    (1)必須有完全的授權：除非有絕對的必要，否則不宜再往上發展，且處理人員已答應的事項，不可更改。
    (2)人選必須為顧客願意信任者。
    (3)必須有充分的專業知識與行政經驗。

3.不管事情大小，必須調查清楚：有抱怨必有原因，不論事情大小都可以成為日後教育訓練最具說服力之教材，且從調查中最容易發現管理訓練上之盲點。

4.避免不必要的媒體曝光。

5.當涉及其他單位時，處理者亦需先擔下責任。

6.只要有錯永不辯解，不必強調誰是誰非，只尋求補救。

7.必須顧及員工及旅客的隱私，爲雙方預留台階下。

8.必須依法、理、情的順序處理。

9.不可同意職權外的賠償或讓步。

10.法律問題：

　(1)不具執法者的身分：故在形式上、實質上皆不可訊問或偵查，例如房內的物品遺失時要求旅客開箱等，僅可在旅客同意下瞭解狀況。

　(2)必須熟悉法令：

　　・夜間訪客之管制與旅客登記。

　　・旅客財物遺失時之旅館責任。

　　・保持現場完整。

　　・旅館的保險。

　　・報警之時機。

　(3)不可命令當事者（員工）直接道歉賠償了事：員工受僱於公司去服務旅客，故任何服務中之疏失必須由公司承擔，員工之道歉並不能免去公司法律上之責任，並且將造成員工對公司之疏離感。

11.永遠別讓顧客感到難堪：顧及顧客的面子，不管他的抱怨多麼的激烈或是要求多麼無理，留意我們的處理態度，千萬別讓顧客感覺我們在指責他「無理取鬧」。

旅館達人大探索——**Butler**

Butler一詞源自拉丁文的Buticula，意指「拿著水瓶倒水的人」；之後被翻譯成法文bouteillier、bouteille，進而演變成現在用的這個字。當時只有英、法兩國的王室家庭或世襲貴族及有爵位的名門才有資格正式僱用Butler，甚至可以說，Butler是貴族的老師，因為他們對服務的要求比主人的要求更高，對尊貴莊嚴的氣質也有更深的體會。他們被認為是奢華生活的標誌，這種奢華生活的標誌，用「比紳士還紳士，比貴族更貴族」來形容他們一點也不誇張。

Butler在旅館業通常被稱為是「飯店私人管家」。自客人入住飯店後，Butler即成為其家庭成員之一，且開始為客人提供一切所需的任何服務。其服務範圍從大至人員訪客過濾、重要宴會安排，小至購買飯店無法提供的物品等都涵蓋在內，這些Butler都必須確實完成，為入住客人提供one step service。因此，Butler亦應較一般旅館、飯店服務人員資深、貼身。「他」對於這個「家」周遭的生活習性、環境背景等，都需較他人有著更深入的瞭解，自身除了要有極高的素質、豐富的生活智慧與專業素養外，甚至還需要能「上知天文、下知地理」，始能幫客人應付、解決所有日常生活的瑣事。

試想：若您初次遠渡異鄉、下榻飯店之後，有這樣一位知識稱得上淵博、素質算得上極高涵養的當地專業人士，他不但熟知各種禮儀、佳餚名菜，精通名酒鑑賞、水晶銀器等知識，並且他們還穿著雅潔的管家服，舉止優雅、嚴謹幹練的隨時維護著這個「家」的日常秩序、提升生活品質，並為您妥善安排

商務外的瑣事……此情此景，將讓您無須它顧，只須專注於商場上的運籌帷幄及享受尊榮即可。

　　Butler之貼身私人管家服務，當然是為「人」服務的。只是它的服務較為多元化，基本的生活起居、洗熨衣物、物品購買、行程或交通工具的安排，甚至包括宴客安排、人員接待、外界商家聯繫等工作。盡一切努力為客人提供更人性化及更貼近客人的綜合服務，以臻客人滿意。因此，在旅館業界，總以能提供此項服務為其經營標竿，冀望透過此種優質高效、無所不包、極盡完美的服務手段和理念，落實服務品質之全面提升，培養其深刻的服務文化內涵。惟此項讓客人只要透過Butler，就可以達到直接取得一切所有住宿期間各種需求的貼身全天候的頂級服務，其費用極為高昂。國內也有類似的服務推出，如之前晶華推出的大班廊，或台北喜來登大飯店推出的行政管家服務（Executive Butler Service）等，大致是基於此一類似的觀念；不過，也有的飯店（如福華）運用臨時編組的方式，並不常態設立這樣的單位或職務。

資料來源：
1.「維基百科」，網址：http://en.wikipedia.org/wiki/Butler
2.台北喜來登大飯店，網址：http://blog.yam.com/charles0714/article/6519634
3.奇摩知識餐飲情報網，網址：http://tw.knowledge.yahoo.com/question/?qid=1206042208678

第三節　客務部作業管理

　　一般國際觀光旅館客務部組織可分為訂房組、服務中心、櫃檯接待、總機、商務中心、櫃檯出納、大廳副理與夜間經理等。本節將一一介紹各單位的作業。

一、訂房組

　　客房預訂是旅館與客人建立良好關係的開始，也是旅館業一項重要行銷工具，良好的行銷技巧可以確保旅館的營業收入。訂房組是客人尚未抵達旅館前首先接觸到的單位，訂房人員之優劣會直接影響到旅館的房間收入與旅館整體的服務形象。故一位稱職的訂房人員首先必須瞭解飯店本身的房間型態與各項設備，進而利用熟練的銷售技巧將旅館本身的特色介紹給客人。此外，亦須熟練其作業流程，如訂房之取消、延期或確認等動作亦須注意，勿因個人之疏忽造成客人入住時旅館無房間之困擾等。通常一般國際觀光旅館有一套周全的訂房作業系統，使客人輕易的由免費電話號碼或電腦網路去預訂房間。

　　故一套周全的訂房作業系統必須有效的運作、處理和確定資訊等功能。反之，若訂房系統作業不佳，將使整個訂房作業受到負面的影響。因為客房與訂房的控制管理若執行不當，則會造成客房超賣（oversell），進而導致客人外送至別家飯店住宿，這樣不僅會造成客人的抱怨，也會造成飯店本身的損失。因此，客房控制管理與訂房控制管理顯得格外的重要。

二、服務中心

服務中心，法文為concierge其意為information（資訊），或稱service center。服務中心是飯店的重要部門，因為它不僅對來飯店住宿的旅客提供服務，只要是旅客，如用餐等都是其服務對象。所以它服務的對象非僅與住客有直接關係，對來旅館使用公共設施的消費客人也關係密切。服務中心其組織成員可分為門衛（doorman）、機場接待（Flight Greeter）、行李員（bellman）及停車員（parking attendant）。由於他們是旅客來館住宿期間第一位和最後一位接觸的服務人員，可說是站在業務的第一線，其言行舉止都代表著旅館，關係著客人對旅館的評價。服務中心人員的制服顏色華麗而筆挺，在大廳中穿梭往來，十分引人注目，是旅館形象的代表，所以在執行服務工作時要符合旅館的要求，任勞任怨，發揮同舟共濟的精神，為來到旅館的客人提供完善的服務。

三、櫃檯

櫃檯或稱接待（reception），櫃檯是旅館對外之代表單位，除了住宿客人外，其他與旅館有關之詢問與交涉事宜，亦皆以櫃檯為對象。櫃檯又是旅館對內聯絡之重要管道，因此它是旅館的神經中樞。又櫃檯職員是站在旅館的最前線，擔任代表性的服務工作，故本身須瞭解館內設施位

維納斯賭場櫃檯

置、餐廳及房間種類，熟記房價，並隨時提高警覺，保持最佳之狀態替客人服務。

四、總機

總機人員在客務部中雖沒有直接與客人面對面接觸的單位，然而在整體旅館的運作中卻扮演著重要的角色。由於客人並無法直接面對總機人員，故與客人在電話談話中更應重視電話禮儀，且說話力求清晰而明確，儘量讓來電者留下良好印象；並且在與來電者對談時亦應專心一致，千萬不可用冰冷的語氣回話，亦不可同時翻閱書報雜誌等，這些舉動多少都會影響你與顧客的對談，而使顧客認為你不重視他。因總機室為密閉空間，總機人員在長期反射動作的操作電話程序中，都有可能成為一部接電話的機器，而若要避免此種情形，那你就必須喜歡你的工作，使它成為你工作的樂趣。若要具備這樣的認知能力，必須對總機作業有深層的認識與體驗。另外，總機人員亦不可聽聲音辨貴賤，必須對每通來電都做到一視同仁以及如何對每一通電話都保持著充沛的活力，是總機人員必須不斷學習的目標。

五、商務中心

由於台灣經濟之起飛且交通發達等因素，加上國際商務客人日益增加，因此國際觀光旅館為了更貼心服務商務客人，故設立商務中心，以俾商務旅客之詢問及公司行號開會之使用等。由於商務中心人員主要服務對象大多是商務客人，因此對於商務客人之各項需求，需努力達到其滿意。目前的商務中心主要是都市旅館為商務人士所提供，提供商務客人在商務上的協助與服務等，而現在許多休

閒旅館也漸漸重視商務中心，因為國內的休閒旅館有些業務是來自工商行號之會議兼休閒，故亦須要有商務中心設備之服務。商務中心除了提供住房客人舒適的休憩與會客空間外，還另外提供旅客商務資訊、預約及確認國內與國際航班機位、影印、傳真、打字等服務，備有個人電腦、雷射印表機、網際網路連線、傳真機等設備。商務中心也設有書報瀏覽區，放置多種中英日文雜誌、期刊及報紙等，供房客瀏覽閱讀等，以達到滿足商務客人之各項需求。

六、櫃檯出納

旅館櫃檯出納是住宿客人接觸飯店的最後關卡，因此，它扮演很重要的角色。因為如果退房結帳的工作沒有做好，可能使客人不悅，引起客人之抱怨，之前的各種服務可能前功盡棄，因為人們往往會因最後一次的不愉快服務而忽略了前面的種種服務，所以身為旅館櫃檯的出納人員必須要相當細心且頭腦清晰，因為旅館常於遷入（出）顛峰短促時間湧進大量的旅客，出納人員常面臨著比一般公司行號的出納人員壓力來得更多，要如何保持鎮定，以最正確迅速地服務客人，則是出納人員應努力達到的目標。

而飯店營運的目的就是藉由提供住宿、餐飲等服務及設施，從中換取現金獲取利潤，飯店每天與來自不同國籍的旅客有著為數不少的交易發生，在住宿期間消費的種類不單單只侷限於客房與餐飲，還有商務中心、客房餐飲服務（room service）、客衣送洗服務等，住客的消費並不一定馬上支付費用（例如掛房帳，退房時才將費用一併結清），客人一旦消費，就須逐一入帳，以便日後結帳。為使客帳能正確無誤的收回，因此飯店就必須設立一套精確完整的帳務管理制度，讓每筆交易記錄能夠保持最新最完整的狀態，以有效率的達成營利目的。

七、大廳副理與夜間經理

大廳副理與夜間經理主要職責為處理旅館消費的全部客人之疑難雜症和各種抱怨，所以大廳副理亦稱為抱怨經理（complain manager），而此殊榮皆由資深之客務工作者擔任。此外，夜間經理於夜間代表總經理處理一切接待作業，因此它是飯店裡夜間最高主管，擔任此職者除了要有相當的應變處理能力外，還要有過人的體力，以應付這種日夜顛倒的工作性質。以下將針對大廳副理與夜間經理的工作做進一步說明。

(一)大廳副理

大廳副理的工作多是由櫃檯的資深人員榮任此職。處理一切顧客的疑難，所以需要有靈敏的反應、果斷的判斷力，並且清楚地瞭解整個飯店。其工作要點在處理到旅館消費的全部客人之疑難雜症和各種抱怨，故又稱為抱怨經理、大廳經理（lobby manager）以及值班經理（duty manager）。他的管理方式跟客務專員一樣，也採走動管理的方式，但其範圍更為廣泛，全館裡外的一切皆由他來負責。

(二)夜間經理

飯店可說是二十四小時營業的，即使連夜晚都有各部門的服務人員，堅守著工作崗位，為每一位住宿的客人服務。「夜晚是寧靜的」這句話聽在夜間經理的耳裡，想必他會給你一個否定的答案。因為在夜晚的突發狀況，發生的機率比白天來得高，所以不能因此鬆懈了旅客的安全。整個夜間事務的運作仍須照常進行，並且由夜

間經理坐陣指揮。夜間經理於夜間代表總經理處理一切接待作業及
其他客務作業事宜，是旅館夜間作業的最高指揮官。

 第四節　個案與問題討論

【個案】Good Morning 7-UP

　　接近午夜，總機人員Kelly仍在值班，今晚客人好像都跑出去
了，交班以來只有兩通電話，雖然努力地上班，但沒事可做的窘
境，讓Kelly哈欠連連，正當此時，電話響起。

　　原來是今晚才剛C/I的兩位美國旅客，剛進到客房，覺得口渴的
他們，打開冰箱一看，感到好失望，竟然沒有他們想喝的飲料。二
話不說，拿起電話撥總機，他們對總機說：「We want two 7-Up」
（我們要兩瓶7-Up汽水），這兩位客人等了好久，7-Up一直沒有送
來，而舟車勞頓的辛苦，讓他們累得倒頭大睡，直到就寢睡覺，所
點的飲料還是沒有送來。

　　第二天大清早，交接班之餘，總機Sherry仔細看著一大早有哪
些客房在今天早晨需要喚醒服務，檢查完所有的交接事項後，用最
有精神的聲音，撥至605號房。

　　此刻，605號房呈現一片寂靜，響亮的電話鈴聲，令正在好夢中
的美國旅客嚇了一跳，心不甘情不願的接起電話，電話那頭傳來總
機Sherry充滿甜美的聲音：「Good morning, Sir. This is operator. It is
7:00 O'clock wake up call.」（早安，先生；這裡是總機，這是7點的
晨喚服務）。這位美國旅客差點沒昏倒，剛掛上電話，矇上被，才
正想作著剛剛的好夢，電話又響了，美國旅客嘀嘀咕咕又起來接電

話，那頭又傳來總機人員快樂又充滿甜美的聲音：「Good morning, sir. This is operator. Wake up service. Two 7-Up. Have a nice day.」（早安，先生；這裡是總機，這是第二次7點的晨喚服務，祝您有個美好的一天）。隔天，總機主任就接到來自上級有關顧客抱怨的責罵。

【問題討論】

　　1.假如您是總機主任，您怎麼處理這個抱怨？
　　2.Kelly的服務出了什麼問題？

第四章

房務部管理

- 房務部服務的基本概念
- 房務部服務項目介紹
- 房務人員應具備的條件與規範
- 個案與問題討論

客房是旅館最直接的產品，屬硬體設施，唯有加上服務人員的各式服務（即所謂軟體的功能），方能產生它的商品價值。而房務部主要為提供住客一個清潔、舒適、安全的住宿環境，以確保房間處於常新及舒適的狀態，使住客留下一個美好的印象。此外，它更是提供一切有關房客需求的貼心、人性化服務事宜之單位。本章將分別就房務部的基本概念、房務部服務項目、房務人員應具備的條件與規範做介紹，最後進行個案與問題討論。

 # 第一節　房務部服務的基本概念

房務部（housekeeping）為旅館內專門負責房務之部門，為旅館中最繁忙也最重要的部門。對所有房務工作人員來說，唯有熟悉和掌握房間服務的具體工作內容，並瞭解飯店組織的性質與管理及企業文化等，並透過組織的靈活運作，才能發揮整個飯店的團隊精神。本節將針對房務部組織架構及工作職掌做進一步說明。

一、房務部組織架構

由於飯店大小不同，故其房務部組織亦異，**圖4-1**為國內一般房務部門常用的組織架構圖。

二、房務部職員工作職掌

房務部的工作乃是飯店中最繁忙也是最重要的部門，而如何使住客覺得舒適，則須依賴各層級職員之通力合作來達成此任務。房務部的層級可區分為：

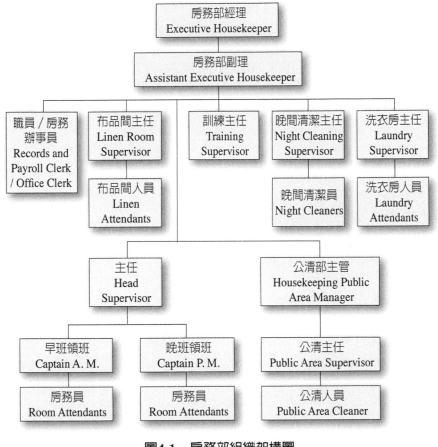

圖4-1　房務部組織架構圖

資料來源：敦春敏（2003）。

(一)房務部經理（Executive Housekeeper）

　　為房務部中最高的管理者，上對總經理或客務部經理負責，下直接管理房務部副理。

(二)房務部副理（Assistant Executive Housekeeper）

為房務部中地位僅次於經理的管理者，對房務部經理負責，亦是經理不在時的職務代理人。

(三)公清部主管（Housekeeping Public Area Manager）

負責全館內外之清潔督導及飯店清潔備品採購等職務。

(四)主任（Head Supervisor）

協助副理並接受主管交辦事項，為副理不在時的職務代理人。

(五)領班（Floor Captain）

負責監督檢查與協助房務員之清潔工作，其與房務員的接觸最為密切與直接，常為新進房務員工作學習的對象，且房間的清潔與否，領班為重要關鍵人物之一。

(六)房務辦事員（Records and Payroll Clerk/ Office Clerk）

其為房務部之心臟場所，負責接聽客人直接的來電以及櫃檯等各部門一切電話服務之要求，並適時與各樓服務人員聯繫。

(七)房務員（Room Maid/ Chamber Maid/ Room Attendant）

在房務部中與客人直接接觸最頻繁，進出客房次數也最多。負責整個客房的清潔及保養工作，在整個飯店中沒有其他人比房務員更瞭解客人的習慣與作息等。雖然房務員屬最基層人員，但卻是不可或缺的角色之一。

(八)公清人員（Public Area Cleaner/ Public Space Attendants）

整個飯店中公共區域的清潔工作仰賴公清人員來打掃維護，與房務員屬同等階層。

表4-1為房務部各階層人員職稱及其工作職掌之介紹。

表4-1　房務部門各階層人員之工作執掌

職稱	工作職掌
經理	1.與總經理及各部門主管開會。 2.回答其他部門有關房務部之需求及近期狀況。 3.須明白告知部門員工正確的工作方向。 4.管理辦公室、洗衣房、員工制服並向採購部詢問未送達的物品。 5.負責建立所屬各單位之工作程序、作業規定、工作處理方法等等，並且確實督導施行。 6.負責部門人員之管理、指揮、督導及品德之管理。 7.建立標準之清潔檢查項目，交給各級幹部施行，並隨時以銳利、挑剔的眼光檢查。 8.找出最有效益之清潔用品或物品，使成本降至最低。 9.依據年度工作計畫，訂定工作進度，負責確實施行。 10.建立房間之養護計畫，作定期與不定期之保養制度，編列預算，並協調工程部、採購部及前檯，按期實施。 11.會同安全室處理客房樓層發生之特殊客房事件或其他突發事件。 12.依據服務之需要訂定合理而精簡的組織，充分有效地運用人力，負責編訂人事費用預算。 13.依公司人事規定負責部門員工之僱用及解僱，控制部門員工名額與工作量，以保持平衡。 14.負責考核各級人員之工作績效，薪資調整，以提高服務品質。 15.解決任何有關房務部的一切問題。
副理	1.負責客房的運作（例如備品或毛巾的總盤等）。 2.客人的抱怨處理（例如遺失物的賠償與找尋等）。 3.客房的翻修與安排（例如地毯、家具等）。 4.巡邏各樓層及員工工作情況。

（續）表4-1　房務部門各階層人員之工作執掌

職稱	工作職掌
副理	5.負責工程完工後之檢查。 6.負責面試新進員工。
公清主管	1.樓層及公共區域的消毒（包括整個飯店內、外的範圍，但不包含餐廳廚房）。 2.維護大樓外牆的清潔。 3.監督公共區域的清潔與設備維護。 4.設備的購買、平時維修及教導員工正確使用方式（例如吸塵器）。 5.家具的管理與維護。 6.大夜班（外包廠商）的清潔控制與檢查。 7.公共區域新進員工的面試與訓練。
主任	1.負責班表的排休、控制房務員之休假與掌握人員動態。 2.分配房間給領班。 3.控制維護飲料與備品的數量及盤點。 4.水果的控制。 5.環保資源回收（例如報紙、鋁罐）。 6.客房走道及公共區域的人員安排。 7.分配人員整理晚退房的客房清潔。 8.統算加班。 9.鑰匙的總管理。
早班領班	1.檢查客房。 2.分配房間給房務員。 3.隨時注意早起貴賓及提早遷出之房間，以便清點飲料。 4.毛巾、備品用品的申請及控制數量與損耗報告。 5.客人洗衣及抱怨處理。 6.備品室備品月底數量盤點。 7.毛巾、杯盤等的季節性總盤點。 8.樓層工作運轉與報表控制。例如，Mini Bar、Lost & Found（L&F）等。 9.一位領班大約管理70～80間的房間，所以必須經常注意自己管理樓層住客之行動與安全。 10.其他臨時交代辦理之事物。 11.負責監督區域內之服務及清潔工作。 12.分配工作給房務員及訓練新進員工現場作業。 13.呈報客房故障情況，並排除因由。

（續）表4-1　房務部門各階層人員之工作執掌

職稱	工作職掌
早班領班	14.填寫請修單並負責追蹤修繕情形。 15.隨時糾正房務員缺失和不當行為。
晚班領班	1.詳閱值班記事簿，確實瞭解早班和晚班的交代事項。 2.製作開夜床的報表。 3.完成早班留下來未完成的工作（例如DND房及晚遷出之房間等）。 4.隨時巡視客房走道，確定客房房門是否有關好。 5.負責樓層鑰匙的分配。 6.代理房務員晚餐時間客人所要求的服務與問題處理。 7.對夜歸或酒醉旅客提供必要的照顧與扶持。 8.隨時糾正房務員工作缺失和不當行為。 9.下班前與早班交班，夜間動態及貴賓反應必須清楚記錄。
房務辦事員	1.接聽和記錄所有電話指示，並負責通知相關單位執行，亦得追蹤執行狀況。 2.記錄、核對冰箱飲料入帳情況及銷售日報表，分派飲料。 3.整理登錄房客遺留物。 4.預備和記錄飯店免費贈予貴賓房及一般預進房之物品，如鮮花、礦泉水、水果及貴賓專用禮物等，並通知相關主管幹部和樓層。 5.記錄及追蹤客房借出物。 6.登記部門所有請修單據，追蹤及銷號，如遇足以影響正常運作之特殊檢修狀況，應告知值班主管。 7.整理各項洗衣單備用，登記房客寄存衣物。 8.核對各樓層鑰匙和插電用具之回收情況。 9.冰箱飲料盤點及領貨，每月底填寫所有飲料、食品銷售數量。 10.日用備品之補充，削鉛筆及填寫辦公室所需物品之申購單。 11.月底班表之打字作業。 12.辦公室之清潔工作與貴賓房所用鮮花之整理和噴水。 13.一般文書作業（例如月初統計與核對送洗布巾數量）。

資料來源：筆者整理。

百變旅館

鹽巴旅館（Hotel de Sal Playa Blanca）

在南美洲玻利維亞西南部一望無際、世界上最大的鹽田裡，有一個吸引遊客的奇特旅館。這個旅館外表上雖看起來土裡土氣，但卻是世界上獨一無二的、全用鹽巴做成的旅館。這個奇特的鹽巴旅館，不只四周的牆壁，就連屋頂、床鋪、桌椅及地板等也都是用鹽巴做成的。鹽巴旅館的占地面積約為300平方公尺，裡面設有15個房間、一個餐廳、還有一個酒吧。旅客入住該旅館，其收費標準為每個床位每天15美元。

旅館主人說，以前這個鹽礦沒有旅館。他父親為了吸引旅客留在鹽礦，就產生了就地取材，用鹽巴建造旅館這個主意，結果大受歡迎。不過，旅館有一條規定：旅客不可以用舌頭舔牆吃鹽巴，因為該旅館的牆磚都是用鹽和水做成的。

資料來源：http://big5.xinhuanet.com/gate/big5/news.xinhuanet.com/
overseas/2005-08/22/content_3387420_1.htm

第二節　房務部服務項目介紹

房務部的工作除了客房的清潔整理之外，對於住宿客人，也提供了一些日常生活的服務項目，本節將介紹：褓姆／托嬰服務（baby sitter service）、加床服務（extra bed service）、嬰兒床服務

（extra crib service）、擦鞋服務（shoe shine service）、客房迷你吧服務（minibar service）、洗衣服務（laundry service）以及貴賓服務（VIP service）等七大項服務。

一、褓姆／托嬰服務

對於到旅館住宿的夫婦而言，有時可能因事外出或要參加宴會，比較不適合帶小孩一同前往，所以褓姆服務可解決此一困擾，在旅客出門的時候為他看顧小孩。除了長期住宿與渡假型的旅館會特別設有褓姆人員，對於很多旅館而言，是由館內員工來擔任的。所以應建立起褓姆人選名單與相關服務記錄，以方便下次客人有所需求時，能適時地提供服務。一般飯店多會請旅客填寫申請表格，其主要目的在瞭解小孩的情形及特殊狀況，以供照顧者參考，表格內容茲說明如下：

1.客人姓名與聯絡方式。
2.需要照顧的時間。
3.小孩的性別、年齡。
4.有無特別要留意的情形（像是特別害羞或有氣喘等病症）。
5.需照顧的小孩人數。

二、加床服務

飯店的客房銷售上，是以房間為單位，但如有人數變動時，則需另外增加費用，飯店客房人數以增加一人為限。加床之標準作業程序，茲說明如下：

1. 在接到櫃檯告知加床時，隨即提供該項服務，而且通常在客人未住進時，即已接到加床通知。若要求加床之房內已有沙發床的設備時，務必請櫃檯與客人確定是否還需加床。
2. 櫃檯通知房務部辦公室，此時則必須在房間報表上記錄加床的房號。
3. 房務部辦公室通知樓層領班作加床服務。
4. 檢查備用床是否有損壞，並將它擦拭乾淨，鋪好床後推入房間內。
5. 加床後，亦需增加房內相關備品的數量（例如毛巾類、牙刷、拖鞋等）。

三、嬰兒床服務

客人若有攜帶嬰兒前往飯店住宿，而要求加嬰兒床時所提供的免費服務。加嬰兒床之標準作業程序，茲說明如下：

1. 請客人與櫃檯聯絡。
2. 櫃檯通知房務部辦公室。
3. 房務部辦公室登記其客人的房間號碼。
4. 房務部辦公室通知樓層領班。
5. 檢查備用床是否有損壞，並將它擦拭乾淨，鋪好床後推入房間內。

四、擦鞋服務

為了提供旅客更細膩的服務與維護旅館地面的清潔，旅館常會有這項擦鞋的服務。而擦鞋的顏色以黑色、褐色居多，其他顏色則

需另外付費。收到皮鞋時，註記上房號，避免將擦拭完成的皮鞋送錯房間。而近年來，也有飯店採用自動擦鞋機來取代人工服務，無需另外收費。

五、客房迷你吧服務

　　飯店在每一個房間內會擺放一台小冰箱，將一些飲料、酒水與零食放在裡面，方便客人在房內享用。但此項服務需付費，若房客有取用，則會在飲料帳單上簽名，帳單將併於房客住宿遷出時的帳單中。另外，客房內也有提供免費的茶包、咖啡，可供房客取用。房務員需每日清點與補充冰箱內的飲料與食物，並要永保冰箱內的飲料與食物新鮮，若發現超過使用期限，應將其回收，以免危害到顧客健康。

六、洗衣服務

　　為了住客的方便，飯店提供了洗衣服務，讓出差在外的旅客，也能不必為了洗衣、燙衣以及縫補的問題擔心。在收送洗衣時必須敲門兩次或按門鈴一次，並說明收送洗衣服務，等十秒鐘如果沒有回音，再按一次門鈴，進入房間並再一次說明收送洗衣服務，下列將介紹客衣收取與送回的標準作業程序，茲說明如下：

(一)客衣收取

　　客衣收取之標準作業程序，茲說明如下：

◆洗衣單之填寫

1.洗衣單多由客人親自填寫，也有客人會請服務人員代為填妥，若為後者，則需當場與客人確認清楚，如有不符合的地方，必須立即更正，無論何種方式，洗衣單上一定要有客人的簽名。

2.洗衣單上客人若有註明之特別要求時，則要通知房務部辦公室，如有看不懂得地方，要當面問清楚客人。

◆送洗方式

1.客人會將需送洗的衣物，連同洗衣單置於洗衣袋，放在房內，讓打掃的房務員收取，而房務員早上10:30以前，須檢查自己今日將整理的房間，查看有無要送洗的客衣，以便收取。

2.客人電至房務部辦公室，房務辦事員在接獲通知時，必須立即將房號作記錄，以避免遺忘或記錯，並須告訴客人確實的收送時間，不能有誤差；之後再通知管衣室並請派人員前去收取將送洗之衣物。

◆核對洗衣單之項目

1.客人的姓名及房號。

2.收洗日期及時間。

3.送洗之數量及種類。

4.送洗時段必須注意：

　(1)若客人勾選快洗時，要確認其送回之時間，如在作業時間以外，則需請示上級，才能回答客人。

(2)若客人未勾選送洗時效，則應請教客人是為普通洗或快洗，並告知客人何時才會將衣物送回。

(3)為快洗或快燙，應以電話通知房務部辦公室並請派人員立即收取，同時應提醒客人此服務必須加收50%之服務費，以避免洗後有任何爭執。

◆檢查送洗衣物

1.衣物之口袋是否留有東西。

2.鈕扣有無脫落。

3.衣物上有無汙點，破洞或褪色之現象，若有此情形，務必請客人在衣物送洗確認單上簽名。

4.若有任何配件，必須在洗衣單上註明。

◆填寫收洗客衣登記表

1.日期。

2.收洗時間。

3.洗衣單號碼。

4.件數。

5.若為快洗，則需用紅筆填寫，以方便日後快速查詢。

◆入帳

房務人員必須將洗衣單送至房務部辦公室，再轉交櫃檯，記在客人的帳目中。

◆注意事項

1.沒有洗衣單之衣物，則不予以送洗，必須將客人的衣物送回房內。

2.針對客人的特殊衣物，事先報告主管與洗衣房，詢問是否能接受洗衣，如果在設備及相關技術上無法為客人服務時，則應清楚地向客人說明原因。

3.客衣收出後，若房客有換房，應通知房務部辦公室作為變更。

4.要告訴客人確實的收送洗衣時間，不能有誤差。

5.當發現客人所交的衣服有可能損壞或洗不乾淨時，應與客人聯繫。

(二)客衣送回

在送回客人的衣物時，送衣人員會用送衣四輪車，上面掛著衣物，下面的地方可放摺好的衣物；另外，也會有客房的萬能鎖匙和一部傳呼機，以方便收送客衣。客衣送回之標準作業，茲說明如下：

◆核對件數是否符合

與洗衣廠商確實核對是否與登記表上之件數符合，予以簽收。

◆再次確認

送入每間房間前，必須要再確認房號且件數是否正確，方可送入房內，以避免送錯或漏送。

◆送回方式

依客人所選擇的衣物送回方式，可分為折疊與吊掛兩種方式：

1.若為折疊方式，送回的衣物應用塑膠袋或籃子裝好，放在床上。其包裝衣物標準之注意事項如下：

　(1)襯衣要按襯衣板來摺，衣領上放紙領花並放入印刷好的膠袋內，膠袋的印字和領花顏色要相襯。

(2)摺好的衣服必須用無印字的紙包好。

(3)安全扣針要除去，領帶要用特製的袋子裝好。

(4)短襪要對好和摺好。

(5)用籃子送回時，袋子上寫明「謝謝您享用我們的洗衣服務」。

2.若爲衣架掛的衣物，則掛於衣櫃內，衣櫃門打開，使客人回來一看便知。其包裝衣物標準之注意事項如下：

(1)襯衣必須把鈕扣扣上，並用透明膠袋套好，用衣架掛好。

(2)外衣要掛在衣架上，西褲掛在褲夾的衣架上。

(3)西裝上衣送回時，必須打開鈕扣。

(4)白色及絲質衣物應用透明膠袋套好。

(5)所有掛的衣物必須要有燙洗服務卡。

◆注意事項

1.若客房爲請勿打擾（DND）或反鎖（DL）之狀態，則暫時不要送入，應留下留言卡或洗衣送回通知單，讓客人與房務部聯繫。

2.快洗、快燙之衣物要按時交件，若客人掛請勿打擾或反鎖，則可電至客人請示是否可送。

3.下班前還不能送入房內的客衣或有待處理的問題，必須交班清楚。

(三)修補或損壞客衣

鈕扣掉了或有少處破損，可以修補，不用通知客人；而如果客衣被損壞，必須透過值班經理立刻與客人聯繫，向客人道歉並商量賠償損壞的衣服，亦不可向客人收取洗衣費。

七、貴賓服務

　　對於飯店而言，常會有一些重要的貴賓入住。因此應提供妥善服務，讓這些客人有賓至如歸的感覺，進而能為飯店帶來更多的生意。以下為貴賓服務之應注意事項：

1. 接到客房有貴賓要住宿時，應優先整理清掃，保持該客房的最佳狀態。
2. 瞭解客人的身分，更要留意房客在住宿期間是否有任何特別要注意的事項。
3. 整理客房時，在布巾類（床單、浴巾等）的更換上，須使用完好且較新的。
4. 飯店特別贈送客人的禮物，需擺放在明顯的位置。
5. 而迎賓的水果籃旁邊，除了放置一封歡迎信或歡迎卡之外，另應備有刀叉供貴賓使用。
6. 所有整理工作完成後，務必重新檢查一遍，查看是否有遺漏的地方。
7. 須主動詢問客人是否有其他需要服務之處。
8. 在客人住宿期間，如需洗衣、擦鞋等服務時，皆要特別注意。例如，洗衣服務在送回客衣時，西服須用帶拉鍊的西服袋送回或擦鞋服務由貼身管家專門負責擦拭。
9. 遇見客人時，應主動向客人打招呼。
10. 客人搭乘電梯時，幫忙按住電梯門。
11. 客人外出時，儘速完成客房的清潔打掃工作，隨時保持VIP客房的清潔。

旅館達人大探索──小費的起源

　　小費起源於18世紀的英國倫敦。

　　18世紀倫敦旅館的餐桌中會擺著「保證服務迅速」的碗，顧客將零錢放入碗中，就可以得到服務員迅速而周到的服務。往後此種做法不斷延續擴大，逐漸演變成一種固定用來感謝服務人員的報酬形式，並且在世界各國流行起來，尤其是歐美國家。

　　如今，給小費的習慣無處不在。

　　如果您身在歐洲，如法國、義大利等，上洗手間時，在廁所入門處，您會看到一個零星灑了幾個銅板的小碟，這是要給小費的暗示；因此，若有機會去歐洲旅遊，請記得上廁所前要帶零錢，否則若遇到要給小費才可上廁所的情況，那就會很尷尬了。

　　美國付小費的範圍主要涉及餐廳、咖啡館、旅館、出租車、旅遊等服務性質的行業。小費的「標準」不一，以餐廳為例，一般為餐費總額的15%左右；豪華大酒店一般在18～20%。餐館裡的置衣處、停車場也要支付1～2元不等的小費；若住宿旅店，一般會在早上起床後，在床頭櫃或桌上放1～2元，通常服務人員進房間打掃時，會「心知肚明」的自動收起來。在機場、賓館、旅店或飯店，常有服務人員幫忙提行李甚至送至房間，這些也都要支付小費。

　　按照慣例，通常是誰請客誰付小費，即使是老闆也不例外。餐館為您送外賣上門也應支付小費。還有付小費一定要用現金，不能用信用卡結帳。付小費時，顧客和服務人員並不見

面，顧客往往將小費放在桌上或茶壺、盤子底下，然後款款離去。豪華大酒店的衣帽間櫃檯上設有小藤櫃或盒子，顧客可以把小費放入裡面。小費並不入帳，每個服務人員都可以把小費放入專設的箱子裡，每月結帳時分給所在崗位的服務人員。服務人員不能把小費占為己有，若被發現，會被「炒魷魚」，一旦聲名狼藉，這輩子想再找工作就很難了。

「小費」實際上是顧客對服務人員好的服務品質的回饋。小費是要感謝超乎本分之外的服務。只要服務態度良好，顧客是很樂意支付這點小費的；如果服務態度差，顧客可以投拆並說明不付小費的原因。

資料來源：

1.奇摩知識網，「外國風俗」，網址：http://ks.cn.yahoo.com/question/1407070602664.htm

2.海通網路，「華人給小費，大方或小氣」，網址：wenxinshe.landaishu.com/home/news_read.asp?NewsID=16329-54k

 # 第三節　房務人員應具備的條件與規範

飯店業為服務性的事業，在服務上除了硬體設施的提供外，其他完全仰賴服務人員貼心以及人性化的服務。服務是一種感覺，服務顧客是我們的責任，身為旅館的從業人員應提供最貼心的服務予客人，所以房務部全體人員都應具備熱心（enthusiasm）、耐心（patient）、禮讓心（polite）、專業心（professional）等，並且永遠保持笑容，藉此提高顧客滿意度（customer satisfaction）。而要做好房務工作，首先必須要認同您的工作且以服務客人為榮與驕傲。

因爲服務是關乎飯店生存的靈魂，是無價及無形之商品。無論飯店裝飾如何宏偉堂皇、美侖美奐、設備如何富麗豪華，如不能充分發揮和供應優良之服務，將形同虛設。服務需要具備充沛的服務精神和誠實可靠的態度，而態度殷切和藹，樂意幫助顧客，以準確周到地發揮服務效能。因此房務人員應如何才能滿足各種顧客，其貼心的服務態度爲其重要因素。故飯店應遴選具有服務精神之人格特質的員工，施以專業能力之訓練，然後依循飯店的特性指定規則和方法去做不斷之演練，相信將能駕輕就熟提供完美的服務，此爲所謂的practice makes perfect（熟能生巧），以下將介紹身爲一個房務人員應具備的條件與規範，說明如後。

一、房務人員應具備的條件

所謂房務人員是指房務部門中的全體工作人員，而身爲一個房務人員應具備親切的服務態度、專業技能、禮貌等條件，進而轉變爲習慣的養成，自然而然的表現出有禮、專業的服務態度，使每位旅客皆有賓至如歸的感覺，願意再度光臨。以下介紹房務人員應具備之條件，茲說明如下：

(一)親切的服務態度

熱忱、和顏悅色是房務人員應具備的態度，使住客有優越和被重視的感覺。而親切的服務態度是我們給客人的第一印象，將影響客人對我們的觀感，飯店應特別重視。

(二)專業技能

良好的服務基本上應具備專業的技能，包括專業知識、專業技

術、語文能力、服務技巧能力等，藉由這些專業技能進而提供更好的服務品質給客人。例如，房務員應具備清掃房間的專業技能、房務主管應具備有管理的技能以及瞭解房務專業用語等。

(三)禮貌

除了令人滿意的服務殷切態度外，再加上有系統的禮節歡迎，彬彬有禮的關懷，這是使住客滿意的重要環扣之一。

(四)同理心

房務人員應具備同理心，站在顧客的立場替他著想，試想顧客的感受如何？運用想像力，去洞察與理解顧客的思維，在顧客開口前就能滿足顧客的需求，為飯店做到最好的服務。

(五)安全感

旅客入住飯店後，其房間即是私人享有的範圍，如沒有任何特別的回應是絕對不得打擾。因此，房務人員沒有得到住客的允許不得擅自進入客房，倘有必要時也得先敲門，在得到允許後才能進入，事情處理完畢，需立即離房，不可逗留太久，而打擾到住客；更重要的是在客房時，切不可東張西望，引起住客的誤會和不安。

(六)賓至如歸感

要使住客有賓至如歸的感覺，房務部最重要的責任是需使住客於住宿期間有愉快的精神並感到舒適，並保持客房周遭的安寧。房務人員應和藹、勤快和具有高度的熱忱與良好的風範，不厭其煩地為住客服務，並時時以微笑待客。

(七)舒適感

當旅客住進客房時,他們所需要的任何東西不應費神呼喚或長時間的等待。例如,毛巾的更換、設備維修、文具用品的補充、家具的清潔及布置等,務使每一個客人從搬入到遷出,都不會有備品的短缺或感到服務的怠慢等。

(八)對曾接觸過的住客有所認知

一個優秀的房務人員,必須要有靈敏的頭腦和精細的思想,隨時隨地注意住客的動態。對住客有相當的認知,是提供準確服務的基本因素。所謂認知是包括該住客姓名、房號、住客人數及顯著不同的生活習慣和喜惡等。切記勿追根究柢般地向住客盤問,只能適當的交談,以自己的注意和經驗去認識。

二、房務人員的規範

規範就像一些嚴厲的老闆,房務人員要絕對的服從,並遵守這些規定,以下介紹房務人員應遵守的一些規範:

1. 不可用手搭住客的肩膀。
2. 如遇住客有不禮貌的言行或其他行為,千萬不要與之爭論或辯白,婉轉的解釋,要以「客人永遠是對的」的態度去服務。
3. 對客人的詢問,如不清楚或不知道時,勿隨便說「不知道」,只可說「對不起,我不清楚,但我可以馬上去問明白再回覆您」。

4.客人有吩咐時，應立即記錄，以免忘記，無法處理時須馬上請示主管，由主管出面處理。

5.面對客人說話時，切勿吸菸、吃東西或看書報。

6.住客有訪客時，未經住客同意，不得隨意為訪客開門。

7.切記絕對不可有任何冒犯客人的言行舉止。

8.嚴禁使用客房內備品或將備品攜帶出飯店。

9.嚴禁故意破壞或浪費公物。

10.嚴禁為房客媒介色情。

11.嚴禁使用客房電話、客房浴室、收看電視或收聽音樂等，凡是客房內所有客人的東西一概不准使用。

12.嚴禁使用客房從事私人事務、會客或和同事聊天。

13.嚴禁搭乘客用電梯、使用客用洗手間及客用電話。

14.嚴禁翻動房客物品、文件、抽屜或衣櫥櫃，以免產生誤會或不愉快。

15.嚴禁與房客外出。

16.嚴禁與房客或同事過於親密，或與房客傾訴私事。

17.嚴禁工作時吃零食、嚼口香糖、吸菸或喝酒，尤其在備品室及公共區域要絕對禁止吸菸、喝酒。

18.嚴禁吃客房剩餘食物或將退房客人之遺留物品占為己有，客人的遺留物應以Lost & Found（遺失物）處理。

19.嚴禁在樓層與同事談論房客是非。

20.必須遵守上下班時間，不可遲到或早退。

21.嚴禁替房客私兌外幣或收購房客的洋菸、洋酒。

22.嚴禁私自偷賣飲料或私自向房客推銷紀念品。

23.嚴禁將客人姓名、行蹤、習性等告訴無業務相關的客人，以維護房客隱私。

24.嚴禁向客人索取小費。

第四節　個案與問題討論

【個案】鑽石戒子去哪兒了？

　　有位年約四十來歲的林姓婦女，有天早上約7:30左右，她急急忙忙的跑來服務台找領班，並叫領班和她一起至她的房間，一進到房間，她對領班說她的鑽石戒子不見了，並指稱旅館內有小偷，領班對林姓客人說：「林女士，請問您有沒有仔細點找呢？」林姓客人馬上回答：「當然有，我找了好幾次了，就是找不到，一定是你們Room Maid偷了，我要報警。」領班馬上回應說可以。

　　但林姓客人卻說：「算了，只要你們將我的鑽石戒子還來，我可以當作什麼事都沒發生。」此時，領班建議客人回想一下，昨天是否有去哪兒，看看是否有可能遺留在外面了，林姓客人開始回想，並說：「昨天晚上我和朋友一起去吃飯，我要去點菜時，因為人很多，朋友就建議我把皮包放在位子上就好了，要不然會很危險的。啊！該不會是我的朋友偷了吧！」領班說：「您有沒有去問您的朋友呢？」林姓客人搖搖頭表示沒有。

　　領班建議客人再次仔細檢查一遍，如果還是找不到，我們就請警衛室的人上來好了，林姓客人就說好，就在她把東西全數拿出之後，卻發現她的鑽石戒子居然在箱子旁的袋袋裡，她非常的高興卻又有點不好意思，她向領班說：「對不起，誤會你們了，原來是我自己已經收好了，對不起，對不起，真的是很抱歉。」領班笑笑的對她說：「沒關係，您找到了我們也為您高興。」

　　在飯店，這類型的事情可說是常常會發生，只是，這次丟的是

鑽石戒子，因此領班也是小心翼翼的處理這件事情，還好客人並不是一位不講理的人，希望她再次檢查行李時，她也就真的再次檢查一遍，所以這件事也才能如此完善的結束。

【問題討論】

1. 請問房務員在整理房間時，應該注意哪些角落，以防住客有遺失物留下而尚未發現？
2. 請問房務員若發現住客的遺留物，應該如何處理？

第五章

餐飲部管理

- 餐飲的概念
- 餐飲部服務人員的組織
- 餐飲服務方式
- 個案與問題討論

　　民以食為天，且因經濟環境變化，外食人口增加及觀光休閒人潮所帶動的餐飲服務業發展潛力。

　　餐飲服務人員為旅館餐飲服務的基層工作人員，也是與顧客接觸最頻繁的人員之一，其服務品質的優劣對旅館有直接影響，對於旅館的營收也有絕對的影響，由於中國人對於「吃」的品味及格調的追求，使得旅館的餐飲服務品質越來越講究與提升。根據2011年的統計，住宿餐飲業家數共123,237家，2012年家數增加至126,908家。而餐飲業營業額逐年提高，2010年營業額為3,447億台幣，2011年營業額3,721億台幣，年增率為7.93%（經濟部統計處，2012）。由此可知餐飲收入對於旅館經營的重要性，而如何提供優良品質的服務與美食將是旅館管理者應特別注意的議題。本章針對餐飲的概念、餐飲部服務人員的組織、餐飲部服務方式做介紹，最後進行個案與問題討論。

第一節　餐飲的概念

　　通常旅館附設餐廳之目的，在於提供住宿顧客之便利，隨著需求的多元性，餐廳亦呈現不同種類與特色，以下將針對餐廳應具備的條件、種類、餐廳的特性及旅館餐飲人員應具備條件做下列說明（何西哲，1996）。

一、餐廳三要件

餐廳通常應具備三項條件：

1.在一定場所設有招待顧客之客廳及供應餐飲的設備。

2.供應餐飲與提供相關服務。

3.以營利為目的之企業。

二、餐廳的種類

附設於旅館內之餐廳種類，可依供餐時間及服務方式區分。

(一)以供餐時間區分

1.breakfast：早餐可分為美式（American breakfast）與歐式（Continental breakfast）兩種，這兩種是以加或不加蛋來區分：

　(1)美式早餐：果汁、蛋類並附火腿或鹹肉、土司麵包、咖啡或茶。

　(2)歐式早餐：咖啡或牛奶、牛角型麵包、果汁。

2.brunch：為晚睡晚起的旅客所設。屬於早餐與午餐的兼用餐。

3.lunch：指午餐

4.afternoon tea：指下午茶，是中餐與晚餐之間的點心餐。

5.dinner：指正餐。菜色多，用餐時間長。

6.supper：指正式而重禮節的晚餐。

(二)以服務方式區分

1.由服務人員服務者：食物及飲料由服務人員送到顧客桌上，如table service。

2.自助服務者：食物及飲料由顧客自行拿取，而沒有服務人員代為服務，如buffet。

三、餐飲業的特性

餐飲業所提供的服務具有立即、無法儲存等特性,有別於其他產業,故將餐飲業的十一個特性敘述如下,以使讀者瞭解餐飲業特殊的地方(高秋英,1994):

(一)地區性

餐飲業的地利位置、場地大小、交通便利性、停車場容量等都會直接影響其客源。而餐廳不可能隨時移動,因此受地理環境、當地風俗及習慣的限制很大,所以在經營餐飲業時,首先就要考慮市場定位,選擇適當的地區來經營管理。

(二)公共性

餐飲業提供人們餐飲需求的滿足,因此餐飲設施是社會大眾之公器,業者必須考量公共之便利與安全。

(三)綜合性

現代的餐飲業為了提供顧客更便利、更舒適的環境,常提供各式各樣的功能以滿足顧客,例如外燴、外送服務,提供書報雜誌、會議設備與娛樂設備等,大幅擴展了餐飲服務的範圍。

(四)需求異質性

由於每位上門的顧客所期望的服務不盡相同,而每位服務人員(包括主管級人員)所提供的服務內容,亦無法像製造業的產品

那樣完全標準化，因此在供需面上的異質性就需要特別的策略來克服。

(五)即時性

　　餐飲提供的服務與顧客消費兩者是同時進行的，當服務完成，時間一過所提供服務的產能就無法保存了，留下的只是顧客對這次整體服務的滿意程度，以及下次再度光臨的意願。服務者應在尖峰時間維持一定的服務品質，注意顧客的需要才能在經營上無往不利。

(六)不可觸知性

　　顧客在每次進入餐廳直到離開餐廳之前，很難確定餐廳的服務品質是否很好。消費者無法像購置電視機、電冰箱等工業產品可先檢視清楚，確定品質可靠後再行購買。所以餐飲服務業要設法加強其可觸知性，塑造形象，維持服務品質的一致性。

(七)不可儲存性

　　工業產品可以儲存，但餐飲產品難以預先儲備，形成忙時極忙、閒時極閒的特殊現象。因此餐廳業者可依自己的市場行銷訂定尖峰、離峰的策略，並有效地控制人力，以免資源浪費。

(八)難標準化性

　　工業產品可以標準化生產，但餐飲業服務要標準化卻很困難，其中「人」的差異性是一大原因。許多標準作業流程都必須對人員不斷施以訓練、激勵，才能確保服務品質，否則極易引起顧客的報怨。

(九)工作時間性

餐飲業為配合市場需求，其經營時間通常比較長，員工必須採取輪班、輪休制，與其他的服務業一樣，有些餐飲業者甚至全年無休。因此，若有意投入餐飲服務業，必須要瞭解此一特性。不過，員工可以依個人需求或配合公司營運安排連續休假，避開上班族群的假期。

(十)勞動性

餐飲業講求「人的服務」，許多服務是無法用機器取代的，尤其高級的餐廳更是講究服務的細節。即使是速食餐廳，我們也可以看到工作人員忙碌地送食物、運貨或整理環境的情況；殊不知僱用有服務熱忱及技巧熟練的專業人員並有計畫地培訓，是高品質服務的條件，也可降低客人抱怨的次數。

(十一)變化性

由於餐飲業的顧客不可能每天都一樣，因此，服務人員每天服務的對象都不同，每天會發生的事情也千變萬化，常常會出人意料之外。餐飲服務人員要具備高度的應變能力，才能應付各式各樣的客人與事件。同樣地，業者對整體經濟的發展也要有很高的敏感性，這樣才能正確掌握餐廳的營運方向。

四、餐飲人員應具備條件

餐飲人員應具有健康的身心、親切有理、熱忱與真誠、認真負責，專心工作、積極進取，樂觀合群、具備專業知識、良好的溝通

能力、良好的外語能力、情緒的自我控制及敏銳的觀察力等條件，
進一步說明如後（蕭玉倩，1998）：

(一)健康的身心

餐飲服務人員在工作時必須長時間站立及走動，同時還必須耗
費精神地記住不同顧客的要求，可以說是一項極耗費體力與精力的
工作。因此，健康的身心不但是服務人員工作的本錢，也是提供良
好服務的基礎。充足的睡眠、適度的運動及均衡營養的飲食對服務
人員而言是保持身體健康的不二法門。而適時地抒解壓力，與主管
同事維持良好的人際關係，則可以讓自己保持愉快的心情，面對每
一天的工作挑戰。

(二)親切有禮

以客為尊，常常把「請」、「謝謝」、「對不起」掛在嘴邊，
並面帶微笑。讓顧客有賓至如歸的感覺，並隨時記住「顧客永遠是
對的」這句話。

(三)熱忱與真誠

餐飲服務人員每天必須面對形形色色、各式各樣的顧客，因此
餐飲服務人員必須對自己的工作充滿熱忱，如此才能真心誠意地去
服務顧客，進而獲得顧客良好的回應。

(四)認真負責，專心工作

餐飲服務人員在工作時必須全心投入，隨時注意每一餐桌的狀
況，並認真盡責地掌握自己服務區域中顧客的用餐進度，以便適時

地提供服務及供餐，並確保用餐過程的順利銜接。

(五)積極進取，樂觀合群

餐飲業的工作環境極富變化與挑戰性，相對地，工作也因此較為繁重而且容易遭受挫折。因此，餐飲服務人員需要有樂觀開朗的個性來面對挫折，要有積極進取的精神去克服困難。同時還要能夠與周遭的工作夥伴同甘共苦、相互幫助，發揮團隊合群的精神，共同為餐廳的目標而努力。

(六)具備專業知識

餐飲工作人員必須對服務的程序、餐食的烹調方法及特色等專業知識有相當的瞭解與認識，如此才能得心應手地服務顧客，並提供專業完善的服務。

(七)良好的溝通能力

在服務的過程中，如果能與顧客進行完善的溝通，不但能夠提供顧客最需要的服務，同時也能降低不必要的衝突與誤會。良好的溝通除了言語上的交談，還包括了用心傾聽，傾聽顧客的需求，傾聽顧客的意見，經過充分完整的瞭解後，再以誠懇有理的態度回答顧客的問題。如果沒有辦法立即答覆，也應該誠實地告訴顧客，並在最短的時間內給予回應。

(八)良好的外語能力

在日趨國際化的現今社會中，餐飲服務人員接觸國外旅客的機會日益增多，尤其是在旅館或飯店附設餐廳工作的服務人員，與外

籍顧客接觸的機會更大。具備良好的外語溝通能力，就能與顧客無障礙的溝通，進而提供完善的服務。

(九)情緒的自我控制

餐飲服務人員與顧客間是一種面對面的互動關係，因此服務人員要能善於控制自己的情緒，絕對不可把惡劣的情緒帶到工作上，甚至在顧客面前表現出來，如此不但會使顧客對服務產生不滿，更會讓顧客對餐廳留下不好的印象，而影響餐廳的形象與聲譽。

(十)敏銳的觀察力

餐飲服務人員必須具備敏銳的觀察能力，以察知顧客的偏好及需求，並適時地提供必要的服務，讓顧客有備受禮遇及尊重的感覺。

百變旅館

煤氣廠旅館（Gastwerk Hotel）

2000年開幕的Gastwerk Hotel，德文字Gas（煤氣）再加了一個t之後就成為Gast（客人）。這個曾經讓漢堡夜夜燈火通明的煤氣廠，經過設計師蘭格（Klaus Peter Lange）的改造後，變成歐洲第一家閣樓式（loft-style）飯店，也是漢堡的第一家「名家設計旅館」。讓漢堡去掉了Gas的味道，迎接講究品味的Gast。

Gastwerk Hotel前身是由一百五十年前專門供給街燈煤氣的市政大樓所改建，因此Gastwerk仍保有中古世紀古老的磚瓦式工業建築結構，但內部裝潢卻是窗明几淨的現代空間，空

間設計的極簡主義在這裡與古典風格協調地融合著。

Gastwerk飯店，外觀上有著懷舊的紅磚、拱門，往大廳走進，一座高聳的老式透明電梯轟立在大廳中央，挑高的中庭式設計，陽光從透光的玻璃屋頂灑下，彷彿賦予整棟工業化建築新的活力與生命。

飯店的設計到處可見北德國式的風格：開放式的壁爐、靜謐的讀書休憩地點，以及舒適寬大的沙發和自然柔和的裝潢色調，給予旅人完全不同的飯店氣氛與居家享受。

房間的類型共分為：atriumroom、loftroom、junior suite及suite四種，完全是依照舊有建築物的格局來規劃，家具布置則以簡單的線條及富有設計感的當代設計家具為主。最有特色的要算是「閣樓式房間」（loftroom）以及「半樓式的套房」（suite）。挑高的窗戶、木質的地板，休憩其中恍如置身在貝多芬以及華格納的創作殿堂，讓人懷舊沉吟。

午後時分，斜陽夕照從閣樓的窗戶湧入，與舊瓦殘牆輝映成趣。Gastwerk Hotel擁有頭等級的義大利餐廳，提供漢堡市裡最好的食物，更備有蒸氣浴、一百個免費停車場等體貼的服務。Gastwerk Hotel距離漢堡市中心只有4公里的路程，想要享受都市便捷與世外桃源，不妨來一趟Gastwerk Hotel陪你過過癮。

資料來源：
1.http://www.gastwerk-hotel.de/englisch/index.shtml
2.http://www.libertytimes.com.tw/2002/new/dec/9/life/fashion-4.htm
3.http://big5.xinhuanet.com/gate/big5/news.xinhuanet.com/overseas/2005-08/22/content_3387420_2.htm

第二節　餐飲部服務人員的組織

　　餐飲業的管理環節雖然很多，涉及面很廣，但食物、服務、環境是它的三大支柱。前場主要擔負著服務管理的工作，它是餐飲管理體系中的重要組成部分。一個餐飲業在有形服務上，要為顧客提供精良、美味的食品，舒適優美的環境，在無形的服務上則應做到微笑、精緻、周到、熱情、友善、反應迅速。服務工作看似簡單，其實它包含著大量的知識、技巧以及繁瑣的勞動。經營和效益主要靠前場的服務去完成。因此沒有良好的組織管理，是很難取勝的，以下將以中式餐廳組織結構做介紹。

中式餐廳組織結構

　　中式餐廳組織結構因其規模大小有所差異，主要主管可分為前場經理、前場副理、主管、迎賓領班、值台領班、傳菜部領班、吧台部領班及備餐組領班等，說明如下：

(一)前場經理

　　全面負責前場接待服務組織工作，對整個餐廳的服務人員、服務品質進行管理。包括：制定前場各項管理制度、工作規範、程序和標準、制定營銷課程和訓練課程，並報總經理批准以後，負責組織實施。

(二)前場副理

負責訂餐並積極開展預定工作，接待重要客人，處理客人投訴協助前場經理管理前場，在前場經理不在的情況下，負責前場的全面工作。

(三)主管

有的餐廳叫總領班、餐廳主任或餐廳經理。它介於前場經理和領班之間。一般分工負責樓面的日常管理工作及日常的訓練工作。其管理職能主要有以下方面：督導、溝通、協調、控制，配合前場經理擬訂各項排程，並加以組織具體實施。主管就是服務員的教師，應擔負起日常的訓練工作。

(四)迎賓領班

負責迎接客人，為客人引坐，介紹客人餐點並幫忙訂餐，收集並建立客戶檔案。

(五)值台領班

負責一個區域的現場服務並帶領和組織一班服務人員去做好服務工作。

(六)傳菜部領班

負責組織傳菜、畫單，準備開胃菜、開胃酒、調味料，有的餐廳還要承擔煮飯的工作。

(七)吧台部領班

負責組織和動作調酒、果盤的製作、茶水的準備、酒水的銷售等工作。

浪漫又省錢的婚宴

婚宴是結婚必要的活動，以下介紹不同的結婚形式vs.不同的省錢方式：

形式	場地	平均每單桌價格	特色	省錢方式
流水席	里民活動中心、學校禮堂、社區中心	6,000元以下	物美價廉、熱鬧自在	透過村里長或學校主管人情商借場地；找厝邊媽媽支援辦桌菜色
婚宴餐廳、三星級餐廳	浙江菜館、粵菜酒樓、海鮮餐廳等	5,500～8,000元	菜色道地、經濟實惠	若是品質穩定的老字號餐廳，可努力衝高桌次，要求打折
四、五星級飯店	飯店附設餐廳	18,000元以上	氣氛幽雅、服務專業	可考慮採用自助餐形式的小型婚禮，或是非假日的小型婚宴，可以打75折不等
私人派對	時髦餐館	客製化價位	私密溫馨，適合公證結婚、教堂婚禮，或在老家舉行婚禮後的宴客形式	可採用餐飲界同業好友跨刀；午茶或雞尾酒的形式更省錢

資料來源：許立佳（2007）。

(八)備餐組領班

負責組織公共區域的保潔工作，如餐具的保管、清洗和準備工作，有的餐廳還要兼管裝置設施的維護、修理工作。

 第三節　餐飲服務方式

餐飲服務的方式由於各地的風俗習慣不同，食物製備的方法不一，以及菜單的種類各異，發展出各式型態獨立的服務方式，常見的有餐桌服務（table service）、自助服務（self-service）、櫃檯服務（counter service）及外帶服務（take-out service）等。本節將針對常見的餐飲服務方式、餐飲服務流程與管理做說明如後。

一、常見的餐飲服務方式

最常見的餐飲服務方式有下列七種：

(一)美式服務（American service）

1. 美式服務是所有服務方式內最簡單的形式。該項服務主要係將食物在廚房內烹飪完畢並準備好且放在盤上，然後在客人用餐前直接端出。所有的食物從左邊送上，飲料從右邊送上，且從客人的左邊清理盤子。
2. 客人要使用的所有餐具均已事先放在桌上，而用餐中即使不使用它，也應該保留在桌上。已用過的餐具則隨著每一道菜用過後被收回。

(二)英式服務（English service）

　　服務人員替客人分派菜餚到餐盤上，這是歐洲最高級餐廳最流行的服務方式，在美國亦被稱為「俄國式」。

(三)法式服務（French service）

1. 法式服務係指食物的加熱、配菜及服務，均由服務人員從餐桌旁的小桌子，將現做好的食物分放到客人的盤上。
2. 每個餐桌由兩位服務人員互相分工合作，稱為正服務生和副服務生。正服務生通常負責點菜與根據客人的意見完成食物的準備工作；副服務生主要職責是從正服務生手中拿點菜單送到廚房，從廚房挑選所需的食物之後，由正服務生烹調完成之後，分送食物給客人。
3. 法式服務一律都從右邊進行服務，奶油、麵包盤、沙拉盤和其他額外的碟子之類則從左邊服務。

(四)俄式服務（Russia service）

　　俄式服務方式是食物在廚房內完成準備後，由主廚裝在銀色大盤內，由服務生帶到用餐的地方，直接把食物呈現給客人。而食物是從左邊個別分送給每個客人。

(五)旁桌式服務（Gueridon service）

　　服務人員先將大銀盤，放置在預先擺在客人餐桌旁的補助桌子，服務員在旁桌上分菜到餐盤上，然後再將盛裝食物的餐盤送上桌，又稱之為「桌邊服務」。

(六)中國式服務（Chinese service）

所有的餐盤全都放置在餐桌正中央，由客人自行分菜，又稱之為「菜盤上桌式」。

(七)自助餐式服務（buffet service）

客人就座後，自行前往自助餐檯選取食物，採自助式。

二、餐飲服務流程與管理

以下就中餐、西餐餐桌服務的差異及其酒水服務的技巧來探討餐飲服務的流程（高秋英、林玥秀，2008）。

(一)中餐的餐桌服務

◆中餐的服務流程

中餐廳餐桌服務有兩種：酒席服務和小吃服務。其服務流程可歸納成幾個步驟：

1. 熱情迎客：當顧客由領檯員引領進入餐廳，區域的服務員應該主動上前向顧客問好，根據顧客意願及當時餐廳情況，選定合適餐桌，儘量使客人在餐廳中分布均勻，並拉椅讓座。然後根據顧客人數立即調整餐桌布置，增加或減少餐具數量。中餐散客服務的餐桌擺設較為簡單，一般包括骨碟、湯碗、匙、筷、水杯、酒杯、公筷等，而且應儘量避免讓互不相識的客人同桌用餐。
2. 上茶：替顧客斟茶或冰水，並遞上毛巾（紙巾）。

3.接受點菜：服務人員需瞭解時令的菜餚及當日的特別菜色，
　以便接受點菜，並適時提供建議，遞上菜單時須先女後男，
　先長後幼。

4.開單下廚：點完菜，應重複一遍客人所點之菜式，以免有
　誤，然後將點菜單其中一聯送入廚房交由廚師製備，另一聯
　送入櫃檯等待結帳。

5.按序上菜：上菜必須按照中餐進餐次序及時進行。服務員應
　主動向顧客介紹菜式，視情況主動替顧客派菜，並詢問顧客
　對菜餚的意見。上第一道菜後，應替顧客斟酒，並詢問是否
　需要上飯。

6.結帳：顧客用餐結束時，主動詢問顧客還需要什麼服務。如
　顧客示意結帳，應儘快從其右邊遞上帳單，按規定結帳，並
　記得致謝。

7.禮貌送客：顧客離席，應替顧客拉椅，致謝，並歡迎再次光
　臨。

8.整理餐桌：重新鋪台。

在這看似繁複的程序中，若簡單歸納起來，服務人員不外乎要
殷勤照顧好負責區域內的所有顧客，及時滿足顧客的各種需要；主
動更換骨碟、添加飲料或米飯、檢查菜餚是否上齊，及時撤下空菜
盤送至洗滌間，使顧客有賓至如歸的感受。

◆中餐餐桌的擺設

中餐餐桌的擺設也是一門大學問。從餐具的選擇，桌巾、餐
巾的搭配，碗筷的距離，甚至桌上盆花的擺設，都需一一的衡量調
整，使客人用餐時方便自在，桌面井然有序。

(二)西餐的餐桌服務

繁文縟節一詞，實在不足以形容西式餐桌服務的內容，再加上各地的民族習性不同，服務的風格更是大異其趣。過去，西式餐飲學者對此分類仍有相當多的爭議，至今尚未有定論。因此，以下特地以服務使用的器具來劃分服務的種類：

◆西式服務的種類

若以服務時所需的器具來分類，西式最常見的餐桌服務有推車、銀盤、餐盤三種，其主要風格如下：

1. 推車服務：推車服務常見於高級的西餐廳，除了各式精美的點心外，主菜的製備也可以由手推車來服務。其作法是廚房將食物烹煮前的調理工作完成後，盛裝於銀盤上，端出給客人過目，再由廚師在餐桌旁的小推車上，完成食物製備的最後階段，或用酒精燈加熱或是快炒一下等等。此種服務方法不但提供顧客個人化的服務，同時也可展現操作人員的純熟專業技術。

2. 銀盤服務：服務員從廚房將食物及其配料以銀盤盛出，置於準備檯上，服務人員使用湯匙和叉子逐一將食物送入客人面前的盤子。此法的操作重點在於服務人員須具備熟練的分菜技巧。

3. 餐盤服務：餐盤服務又稱美式服務，其重點是將製備完成的食物在廚房內分配好適當的分量，加上裝飾，而後由服務人員將餐盤直接置於顧客桌上，供其享用。此法雖較不正式，但好處是廚師可以監督裝盤情形，使食物的擺設更具吸引力，且服務人員也不一定要有高度的技巧，此外因出菜迅

速，更使得食物的溫度和品質得以保持。

◆西餐的服務流程

　　無論何種餐桌服務，其服務的程序皆有一定的步驟。西餐服務的整體流程與中餐非常類似，但西餐服務最重要、最講究的是每道菜上菜的次序，例如沙拉之後才上主菜，如果順序顛倒，則會影響客人用餐的情緒和食慾，餐廳的服務也會顯得不專業。

◆西餐服務的規則

　　除了上菜順序須注意外，服務時也要顧及工作人員的方便性及客人的舒適性，這就是服務規則的由來。

　　服務的規則並不是一成不變的，空間的限制、大環境的變遷，都會影響規則的改變，在此僅就基本的服務準則提供參考：

世界飲食方法文化圈

食法	機能	特徵	地域	人口
手食文化圈	攪拌、抓、捏、推	伊斯蘭教圈、印度教圈、東南亞等對禮儀有嚴格規定。	東南亞、中東、非洲、大洋洲	40%
箸食文化圈	攪拌、挾、推	自中國開始用火時間算起。中國、朝鮮半島筷子與湯匙搭配使用。日本僅用筷子。	日本、中國、朝鮮、台灣、越南	30%
刀、叉、湯匙文化圈	切、刺、撈	自十七世紀法國宮廷料理中確定。麵包則是用手食之。	歐洲、舊蘇聯、北美洲、南美洲	30%

資料來源：石毛直道、鄭大聲編（1995）。

1.食物需從客人的左邊、服務員的左手端上。

2.飲料需從客人的右邊、服務員的右手端上，湯則左右皆可。

3.空盤子從客人的右邊，由服務員右手撤走。

4.千萬別在客人面前刮盤子。

5.服務人員需從客人面前過來，千萬別從背後出現。

 第四節　個案與問題討論

【個案】No Order No Food

場所：台北市中山北路上某飯店的Coffee Shop

日期：1998年3月，某日下午

人物：(一)Mr. Clinton，住客，根據紀錄這次是第五次光臨該飯店

　　　(二)John剛從軍中退役，進入該飯店的Coffee Shop工作還不到

　　　　兩個月

Mr. Clinton　三月某日，下午6:00	John　三月某日，下午6:00
忙了一個禮拜，終於處理完台灣這邊的業務，真是累扁了！想到這麼多的行李和樣品要pack，就讓我頭皮發麻，晚上還得打電話回美國確認一個報價。唉！忙著忙著，這會兒肚子也餓了，我看就到一樓的Coffee Shop隨便吃個簡餐，身上的牛仔褲就行了，也省得換衣服麻煩。	今天一交班，除了一些routine的工作外，經理還特別提醒大家，今晚的訂位幾乎客滿，要大家特別注意服務品質，而且人手有點吃緊，要我們手腳俐落一點。忙一點也好，做起事情才起勁嘛！

Mr. Clinton　同天，下午7:00	John　同天，下午7:00
這真是太過分了，剛才我去Coffee Shop，在門口站了老半天沒人理我，好不容易來個服務生卻告訴我客滿沒位子，哎！有沒搞錯，我是房客唉，飯店內的設備難道不就是為了住客而準備的嗎？還有那位叫John的小夥子一直push我到樓上的法國餐廳，難道他沒看到我穿得很隨便，沒打算到正式的餐廳用餐嗎？更可笑的是John還教我應該要事先訂位。我跑遍世界各地，沒聽過Coffee Shop還要訂位的，就算這裡有這個規矩，也應該清楚地告知才對。「我放著一堆的工作沒做，餓著肚子，又耗了一堆時間，到現在晚餐還沒著落，這是什麼爛服務，叫你們經理來。」	今天真是有夠衰，正在我忙得不得了的時候，進來了一位阿斗仔，我好禮的向他打招呼，沒想到他掛著一個機車臉，也不知道誰惹他了。我想客人嘛，算了別跟他計較，還客氣的問他有沒有訂位，沒想到他很賤的回答我：「我是房客，幹嘛要訂位。」所以我就告訴他已經客滿了，不過樓上法國餐廳還有位子，請他到樓上用餐，我還很好心的要帶他上去呢！副總說的呀，如果客滿，要想辦法把客人引導至別的餐廳用餐，以免造成損失。我完全照做啦！沒想到被客人海罵了一頓，還吵著要見經理，真是沒道理。等一下經理回來，我又要挨刮了，真衰！

【問題討論】

1.假如您是經理，您怎麼處理這個抱怨？
2.John是否有再教育的必要？

第六章

行銷管理

- 行銷管理的定義與原則
- 旅館行銷對象
- 旅館行銷通路方式
- 個案與問題討論

一個成功的行銷應藉由美麗的人事物及高科技的方式，讓其產品及服務創造吸引力，並且透過行銷的活動宣傳，引起客人的興趣，使客人有渴望消費的意念。本章首先介紹行銷管理的定義與原則，進而說明旅館行銷對象與旅館行銷通路方式，最後為個案與問題討論。

第一節　行銷管理的定義與原則

一、行銷的定義

行銷始於公司理念與企業哲學，而且公司理念與企業哲學不該僅是空談而已，必須付諸實行。其目的是為了創造交易，使買賣雙方都心甘情願地拿出有價值的事物來進行交換。行銷的交易是為了滿足個人與組織的目標，因為各種行銷活動所產生出的交易，可以帶來滿足個人或組織的有價值事物，進而滿足其目標。企業管理大師彼得・杜拉克（Peter Drucker）認為，「創造顧客」是企業的首要任務；若應用於旅館業中，我們必須再加上「讓客戶再度光臨」這個目標。「創造顧客」意味著找出客戶所需要的商品或服務，假日飯店（Holiday Inn）的創辦人Kemmons Wilson的成功之道，就在於充分提供全家旅遊及商務旅客的需求：物美價廉的住宿（鄭建瑋，2004）。

就旅館業而言，市場行銷和業務銷售的推行方向，將會決定這家旅館是否能成功。簡單的說，行銷就是去發掘潛在客戶他們真正的需要與需求，而銷售是提供良好的服務將產品賣給客人，以滿足客人的慾望，讓生意順利成交，取得實質的金錢。因為沒有顧客就

沒有生意可言；無論前場或後場的第一線工作人員以及其他所有的相關人員是如此的優秀，也都是無用武之地！

根據Morrison（1996）對於行銷提出的基礎如下：

1.滿足顧客的需要與慾望：行銷的主要焦點在於滿足顧客的需要及慾望。
2.行銷連續性的本質：行銷是持續不斷的管理活動，而非一次可成的決策。
3.行銷的次序性步驟：好的行銷是遵循一組次序性脈絡步驟的過程。
4.行銷研究的關鍵角色：使用行銷研究來預測及確認顧客的需要與慾望是必須的。
5.旅館業與旅遊業組織間的相互依賴：在相同產業組織間合作行銷的機會很多。
6.組織全體與跨部門的努力：行銷不僅是單一部門的責任，它需要所有部門的共同努力以達最好成果。

Morrison亦指出，行銷是一種持續不斷的、有次序步驟的過程，藉由此過程餐飲旅館與旅遊業的管理者得從事規劃、研究、執行、控制及評估等各種滿足顧客需要與慾望，並同時達成組織本身目標的活動。爲達最佳效果，行銷需要組織內每一份子之努力；而互補性組織間共同的行動亦可使行銷更有效（俞克元、陳韡方審譯，2006）。

二、行銷的原則

行銷的六項原則如下：

(一)行銷觀念

當旅館業者採用行銷觀念（marketing concept）時，意味著滿足顧客的需要與慾望（satisfying customer's needs and wants）為他們第一優先的工作。因此唯有不斷地要求自己努力滿足顧客的需要，隨時設身處地為顧客著想。

(二)行銷導向

採取行銷導向（marketing orientation）乃是指旅館業或組織接受行銷觀念；例如Marriott酒店集團開發Courtyard Hotel，其總裁事前經過詳細精密的消費者調查，才精心推出。

(三)滿足顧客的需要與慾望

為確保能在競爭激烈的環境中長期生存，旅館業者必須瞭解到持續的滿足顧客的需要與慾望乃是存活的重點。在行銷導向的時代，就必須隨時保持警覺，掌握最新的市場機會，以使顧客需要轉換為公司的銷售業績。

(四)市場區隔化

市場區隔（market segmentation）是指將一個大的市場根據某些特定的區隔變數，分為幾個不同消費者特性的群體，即被稱為區隔市場（segment market）。市場區隔是把市場劃分為不同的群體，各群體有共同的需求、對行銷活動也有相同的需求及反應，市場區隔的變數大致有以下四種：

◆人口統計變數（demographic variables）

人口統計變數會影響對產品的選擇，例如：年齡、性別、種族、收入、家庭人數、生活型態、宗教、教育及社會階級等。

◆行為變數（behavioristic variables）

根據消費者的消費忠誠度、對產品的態度、購買及使用的場合、產品的使用率及對行銷因素的接受度，將消費者區隔稱為行為區隔。

◆地理變數（geographic variables）

地理區隔中，市場可以被劃分為不同的地理區域，這些區域可能是地區、國家、政府甚至於是相鄰的城市。消費者因為地理位置的不同影響，而可能有不同的消費習慣。

◆心理變數（psychographic variables）

根據內在心理的感覺來做區隔，其中以個性及個人生活型態來區隔市場最為常見。雖然個性是否為有效的區隔因素仍有分歧的意見，但是生活型態因素已經被確認且有效的被運用，甚至認為生活型態對服務產業是最有效的區隔變數。較佳的方式為選出特定群體的人，或稱之為「目標市場」，然後只針對他們行銷。由於經費與資源有限，旅館業的行銷絕不可浪費資源，必須瞄準特定目標市場以確保最高的報酬率。

(五)價值與交換過程

「價值」代表的是顧客對旅館與旅遊服務的需要及慾望的能力所作的一種心理上的評估。某些顧客將價值（value）等同於價格（price），有些顧客則否。價格並非價值的唯一指標。行銷是一種

「交換過程」，業者提供顧客認為有價值的服務與經驗；顧客以預訂及付款作為回報，並以此滿足了業者財務上的目標。

(六)行銷組合

行銷組合（marketing mix）是行銷觀念發展的重要核心。它是市場區隔和目標市場定位的有效工具，使企業在選定目標市場時，根據市場需求和內外環境的變化，運用各種組合的行銷策略。關於旅館經營的成敗，行銷組合的選擇與運用是否恰當，占了相當重要的地位，茲針對旅館的行銷組合有以下的八個P：

◆產品（product）

旅館業之產品概念，包括產品本身、品牌包裝及服務。客房本身僅是產品設計中的一項，旅館商品、包裝之設計包括：旅館建築、各項設施，客房的大小、裝潢、家具、客房內部之相關設備、餐飲及會議設施等硬體設備、戶外景觀規劃、館內氣氛營造以及人員服務與訓練等，目的在滿足顧客的需求。特別是旅館商品要能為顧客所接受，且易於辨識，讓顧客感受到不同之處。充分表現旅館的特色，可以建立產品獨特的價值，使其在競爭激烈的服務產業中，脫穎而出，將有助於日後的價格訂定與促銷推廣策略作業（吳勉勤，2006）。

◆促銷（promotion）

由於旅館商品之無法移動及儲存，因此事前行銷計畫需詳述如何運用促銷組合（廣告、人員銷售、銷售促進、展銷及公共關係與公共報導）中的每項技巧。這些技巧都彼此相關，因此計畫中必須確定每種方法都能與其他方法產生互補之功用，而非相互掣肘。促銷通常在行銷預算中占最大之比例，而且也會高度地使用到外界的

顧問人員及專業人員。因此，它必須經過鉅細靡遺的規劃，並以成本、責任以及時機為主要的考量重點。

◆價格（price）

旅館業屬高營業槓桿的產業，利潤取決於市場供需之變化，所以旅館業在價格制定上，首應考慮供需關係的確定。此外，旅館的經營成本及其損益平衡，亦是價格制定須考慮的重點。因此在行銷計畫中，要如何訂定價格策略，需要慎重而長遠的考量，因為定價不但是一種行銷技巧，也是決定利潤的主要因素。完整的定價計畫應把未來某段期間內所有的優惠費率、價格，以及折扣方案都列入考慮。

◆通路（place）

旅館商品具有不可移動的特性，因此通路為旅館經營的行銷重點，所以在旅館興建之初即應對立地條件詳細評估調查，包括其周遭環境、商圈狀況、地理特性、顧客來源等因素。另外，如何與其他互補團體共同運作也是其行銷重點之一，這些互補團體包括旅遊業、運輸業等。

◆人員（people）

旅館都是靠人的事業（people business），沒有人力的規劃及精緻的服務，旅館的價值就大為失色。然而，行銷計畫必須含括各種經過妥善規劃、且能夠使這些重要的人力資源獲得最佳運用的方案。

◆套裝組合（packaging）

套裝也意味著一種行銷導向。它們是在探索過顧客的需要與慾望之後，再結合各種不同的服務與設施，以達到滿足這些需要的結果。旅館所提供的相關服務愈精緻愈多樣化，客人的滿意度就愈

高，旅館可以將一系列所提供的產品及服務套裝組合起來，但卻只收取單一的價格，客人的感受就會完全的不同。

◆專案行銷（program）

專案行銷的相關概念是一種顧客導向的特性。適時的提出許多不同的促銷專案，是旅館行銷的重要策略，因為淡旺季的明顯差異，更需要做適時、適地的專案行銷。

◆異業結盟的合作關係（partnership）

單靠旅館自己的行銷，在今天的市場上已無法和大型連鎖企業競爭，因此，結合相關企業或異業結盟促銷，強調出共同的廣告與其他各種行銷方案所具有之價值，如此一來可以為它們共同性的合作、降低成本在財務上帶來利益。

百變旅館

酋長皇宮大酒店（Emirates Palace）

在阿拉伯聯合大公國，最近開張了一家號稱「三高」的大飯店，它的級別是全球最高的七星級，造價也是全球最高的，達到30億美元，據說它的科技含量也是全球最高的，有旅客形容該飯店「簡直是為國王而建的」。

據《紐約時報》報導，位於阿拉伯聯合大公國首都阿布達比的酋長皇宮大酒店，內部面積雖有24萬2,820平方公尺，而飯店房間不到400間，卻有128間廚房和餐具室。飯店總經理威利‧奧普特卡姆介紹說，酋長皇宮大酒店訂製的施洛華世奇水晶石吊燈有1,002座，平時需要10名全職員工來保持這

些燈具的清潔。由於飯店走廊又多又長，經常有工作人員上班時在其中迷了路。

　　飯店設有私營沙灘，兩座池塘，其間散布著一些按摩浴缸。客房的地板是大理石或地毯，價格從每晚625美元到13,000美元不等。頂層的六間總統套房只接待來自海灣地區的元首或王室成員。為進行內部裝修進口了大約15萬立方公尺的大理石。由於內部面積太大，有些樓梯間距超過1公里遠，為方便員工正常活動，飯店決定為職工配備45輛高爾夫球場專用的電瓶車。

　　其實在酋長皇宮大酒店對外開放之前，阿拉伯聯合大公國在杜拜已經擁有一座可以代表其奢華風範的伯瓷飯店，它曾以「全球最豪華」的身分名噪一時。因為太過奢侈，評論家只好將它定為七星級飯店。內部裝修極盡豪華之事，門把、水管甚至一張便箋上都遍布黃金。皇家套房如皇宮般氣派，配備私家電梯、電影院、阿拉伯式會客廳等等，衣帽間的面積甚至比一般飯店的房間大。

　　設計這座飯店的是英國設計師約翰・艾利奧特，他曾經為蘇丹和汶萊的王宮貴族設計過宮殿。「酋長皇宮大酒店」建造的最初目的是作為阿拉伯聯合大公國政府的議會大廳，之後改為豪華飯店。飯店頂層的六套房間是為到訪的阿拉伯國家王室貴族預留的。艾利奧特暗示，當地已有數個酋長與他進行了接觸，希望他能幫助設計宮殿。艾利奧特並不認為「酋長皇宮大酒店」過度奢侈，他說：「沒人會說白金漢宮（英國王室住所）造價太高。」

　　「酋長皇宮大酒店」歸阿拉伯聯合大公國政府所有，由德國肯賓斯基連鎖公司負責管理。該公司準備憑藉飯店的技

術設施，將其打造成政府會議的舉辦勝地，尤其是一些對網路安全要求很高的會議。馬丁介紹，在2月舉行的國際交易展覽上，多個國家國防官員都要求為武器交易提供保密電話。目前已經有一個全職的安全官員負責飯店的網路，包括十六個防火牆與侵入探測系統。如有需要，飯店電腦和播放網路可以完全與外界斷開，就像美國政府的內部安全網一樣。夜幕降臨的時候，飯店服務人員會在床單上放上一小袋薰衣草，香氣將滲入其中。然後他們會將薰衣草放在枕頭下面，這樣客人就能在芬芳中安然入睡。沐浴服務生會給你一份菜單，上面有七種沐浴方式供您選擇。如果他們都不能讓你滿意，沒問題，只需花幾千美元，你就可以在浴缸中裝滿香檳。房間的地板鋪滿雕花的大理石，上面是柔軟的地毯。房間的照明燈都隱藏在天花板中，散發出柔和的光芒，據說這個靈感來自於沙漠中夜晚的微光。

資料來源：
1.http://travel.zaobao.com/pages1/travelnews190305.html
2.http://www.1619.com.cn/news/info_40877.html

 # 第二節　旅館行銷對象

　　旅館業務部門的主要職責，是銷售房間、宴席等，但是旅館上至總經理，下至房務清潔員、餐廳服務生，對於旅館各項產品的銷售工作，或多或少都有機會參與其中，因此旅館業務部門，如果能獲得全體員工的支持與協助，銷售工作必會輕鬆許多。另外，有些

旅館的業務部門，會考慮把訂房編制在業務部內，因為多數的旅館將客戶記錄的資料由前檯的訂房來做保存，但是這些記錄卻是業務有利的行銷工具。加上主要的考量是業務銷售的工作，跟訂房銷售的工作在性質上非常的相似；房間能否接受訂房的狀況，常常會因為業務進展狀況的改變，而需要立即配合。像台北君悅飯店即將訂房編制在業務部門內，各部門都可以透過旅館的電腦系統，隨時知道各部門的狀況，因此必要時如果依據業務的需求而做調整，更可以提升整個旅館業務的效率（周明智，2003）。

　　大多數的旅館皆有業務部門組織，其組織可分為業務銷售、公關及廣告，由於經費有限，多數的旅館是沒有花費任何廣告費，僅要求公關透過媒體的活動報導來做宣傳，因此個人推銷反而是旅館行銷最普遍使用的方法。目前一般的業務銷售對象可規劃成為下列幾大部分：

一、一般公司銷售

　　許多的業務都來自於本地的商業社團及公司行號，旅館業務員通常需要花較多的時間去接觸各公司團體。因此在工作之暇，一個好的旅館業務員，應該平時多接觸決定選擇旅館的關鍵人物，以及多涉獵不同的團體及組織，並且自我充實各方面的知識，來幫助業務的推展。

二、會議及團體客人銷售

　　負責會議及團體客人銷售的業務員，通常在旅館業務部門占較多的人數，甚至於在大型的會議型旅館，業務人數可能多達十人以上。因為一個大型會議團體也許動輒上百人入住旅館，跟其他旅館

業務員的業績效率來做比較的話,他們所耗費的時間及績效上都較經濟。

　　相對地,因為房價不同的關係,一般旅館分配房間優先考慮的一定是商務客人,剩下的房間再分配給團體。所以接待會議及團體客人的業務員,最重要的是就是在接團之前一定要事先做好規劃,先查看房間分配狀況,然後方可接受團體訂房。

三、宴席銷售

　　宴席銷售主要是針對當地的公司團體,來促銷宴席的舉辦。在過去多年以來的經濟,專門負責銷售宴席的業務員,他們幾乎很少去外面做宴席業務銷售,主要原因有:

1.台灣旅館的宴席市場需求大於供給,特別是許多重要的日子,宴席要預定都是非常的困難,而宴席的利潤比一般餐飲要高出許多,因此旅館依靠宴席銷售,增加了許多的收入。
2.宴席業務員,大部分都必須要帶客人實地參觀宴席場地,以及設施介紹說明,所以除非必要,否則不太需要外出拜訪客人。

四、旅行社銷售

　　一般旅行社分為躉售商及零售商兩類,旅行社業務銷售是針對旅行社的客人,旅館付給旅行社介紹客人入住旅館的退佣金。通常躉售商的使用量較大,享有較高的退佣金;但事實上,旅行社選擇旅館的優先考量條件,通常主要重點取決於旅館付給旅行社佣金的多寡,繼之才是旅館的品質及服務等條件。因此負責旅行社銷售的

旅館業務員，往往會花費較多的時間來討論佣金或其他獎勵方案。相對地，旅館也會考量旅行社的重要性、促銷業務量及發展潛力等條件來給予不同的佣金。

五、婚宴銷售

台北地區結婚相關事務的花費金額之高僅次於日本，因此婚宴是旅館業者可以努力爭取的顧客。一直以來，結婚時新人要處理的事情很多，如喜餅、婚紗攝影和選擇飯店等等，因而旅館在婚宴的收入也就越來越多。因為飯店可以提供足夠的硬體設備，此外在婚宴上也比較多變，如出菜秀等。

婚宴客製化（customization，又稱婚宴顧客化），面對現今社會產業結構的變遷，客製化產品與服務已不再是主流，目前消費者逐漸重視個人的獨特性。因此，旅館可藉由客製化的差異來吸引消費者的注意，提高產品的附加價值，提供富個人特質的產品。相信藉此可以吸引更多的消費者，增加飯店更多的收入。

做好自我管理

本專欄節錄與歸納自《東區社教》第八十九期〈做好自我管理〉的文章，文章內容包含做好時間管理、做好情緒管理、做好學習管理、做好健康管理及做好道德管理五部分，說明如下：

一、做好時間管理

時間是上天公平的賦予每個人的禮物，無論您富有或貧

窮，每人每天皆有二十四小時。因此如何把握時間，做好時間管理，將是每個人的重要功課。如時間是否花在有意義的人、事、地、物上？換句話說，所做的事情目標方向是否正確？如果答案是肯定的，那麼成功只是遲早的事而已；再者，須懂得授權與處理事情、知道優先順序及輕重緩急；另外尚得學習說「不」、「請勿打擾」等，如此一來可避免無謂的瑣事惹上身，同時也可保留「獨處思考」的時間，讓自己有時間思考反省且把握每一天。

二、做好情緒管理

情緒是指由某種刺激（外在的刺激或內在的身體狀況）所引起的個體自覺的心理失衡狀態；此失衡的心理狀態含有極為複雜的情感性反應，即「喜、怒、哀、懼、愛、惡、慾」七情之說，可見情緒的複雜性。在情緒的狀態下，除了個體會有主觀感受外，身體亦隨之會有生理變化（如憤怒或恐懼時會心跳加速）。亞理斯多德曾說過：「任何人都會生氣，這沒什麼難的，但要能以適當的方式對適當的對象恰如其分地生氣，可就難上加難。」因此，我們要不斷靠著自我訓練與修練，靠自己的意願與努力，且持續實行並進而內化成為習慣。

三、做好學習管理

人並非生而知之，必須靠「學習」而得，而「學而時習之，不亦說乎！」同時「知也無涯」，如何在眾多繁大的知識領域中，尋找自己喜愛而有用的「知識」。因而可以用六個W來反問自己：Why為何而學（學習的目的）？What學什麼（學習的內容）？When何時學（學習的時間）？Where哪裡學（學習的地點）？Who老師（指導者）在哪裡？How如何學（用什麼方法習得）？所謂「活到老，學到老」，我們只要掌握上述

的6W及良好的學習態度，相信人生會很快樂與充實。

四、做好健康管理

身體健康是一切事業成功的基礎。身體健康的兩大要素為運動與飲食。適當的運動有助身心發展，選擇適合自己的能力、方式和時間地點做有恆心的運動，如每日快步走30分鐘，讓心跳達130下。而飲食則是健康的主因，如何攝取均衡的營養，不偏食或暴飲暴食。吃要有營養，對身體有助益，不吃垃圾食品，否則多吃無益，世面上流傳之養身之道可供參考。

所謂「活動」──人們要活就要動，因而要做好健康管理。

五、做好道德管理

做好上述的「時間管理、情緒管理、學習管理、健康管理」，而讓自我達到事業或職業上的顛峰，光宗耀祖，贏得許多的獎項與榮譽，讓世人欽羨，不過如果品德操守不良或不佳，最後仍會身敗名裂，畢竟社會倫理與道德規範是不可忽視的。

一個聰明才智很高但卻沒有好的道德品格的人，他對社會的負面影響將遠遠超過一個平庸的百姓。因此，做好自己的「道德」管理是很重要的。

資料來源：「國立台東社會教育館──花東地區社會教育資源服務網」，《東區社教》第八十九期，網址：http://www.ttcsec.gov.tw/a01/pp01_c089.htm。

第三節　旅館行銷通路方式

　　旅館業在制訂各項行銷活動的時候，一旦定位好它的市場及對象後，便可開始藉由行銷及公關的方式將產品或服務告知社會大眾，刺激消費者購買或體驗的慾望，吸引他們前來消費。常用的行銷方式有網路、印刷媒體、服務行銷等，說明如後。

一、網路行銷

　　網路行銷是另外一個社會，在網路世界裡，有一套屬於這個世界的文化模式與行為方式。唯有掌握網路文化，網路行銷才能竟其功！網路文化與網路技術的一些特色，讓網路廣告彌補了一般媒體廣告的不足，甚至在某些方面表現得比一般媒體廣告還出色。因為它有以下的特點，簡述如下：

(一)即時

　　網路廣告內容可以隨時修改與更新，為使用者提供最及時的資訊。

(二)互動

　　網路的互動，回饋的特性，使流通的資訊變得有生命，提高了網路使用者的參與度，也大幅提高了網路廣告的效果。消費者不但可在網路上觀看旅館的實體設施，包括各式的房間、餐廳、休閒設施設備等，還可360度自由旋轉瀏覽房間或餐廳的整體環境。對於消

費者而言，這樣的廣告方式不但具有吸引力且較具眞實性。

(三)沒有時間限制

網路一天二十四小時，一年三百六十五天都在運轉，換言之，網路廣告是全年無休刊登在網路上，隨時可以被查閱，而且消費者愛看多久就看多久，沒有時間的限制，這又是電視廣告沒有的利基！

(四)沒有空間限制

透過超連結，促使旅館不僅可以在自己的旅館網站上傳達廣告訊息外，還可在各大入口網站或旅遊網站刊登廣告，藉由連結的特性，使得消費者連結到旅館網頁後，可以馬上進一步瞭解旅館的特色及各項優惠，進而直接在網路上進行訂房程序。在這裡沒有版面的限制，可以將商品或企業資訊完整地呈現給消費者，這就和平面廣告大大不同了！

二、印刷媒體行銷

印刷媒體會有大量廣告的原因，是因爲它允許消費者可保留廣告資料，方便讀者日後要消費時，可作爲參考；另一方面，也因爲平面印刷可刊登折價券，刺激讀者實際去消費，同時也可讓旅館業者衡量廣告的效力（吳勉勤，2006）。

(一)派報

印製DM或面紙廣告，透過派報員或自家員工發送，讓消費者能第一手拿到廣告訊息，適用剛開幕的旅館。

(二)雜誌

雜誌像報紙一樣提供了傳遞詳細廣告訊息的機會。有不少的旅館選用國內外雜誌來刊登廣告，特別是旅遊或旅館方面專業性的雜誌最為看好。

(三)報紙

由於報紙發行的數量、範圍及其讀者的身分通常都會有統計資料，且可在極短的時間內傳遞給對象，因此媒體傳遞對象的數量及成效通常都可以查知。

(四)郵寄

採用郵寄方式傳遞廣告訊息的最大優點是有選擇性的，可以傳給自己所選擇的對象。好處是個人化、較富彈性且便於控制，並且可以附上個人名片、小冊或樣品。

三、服務行銷

旅館業所提供之服務不僅包括提供使顧客感到舒適裝潢與硬體設備，更須藉由人（員工）的服務行為或態度來滿足顧客之需求。服務人員服務態度的良窳將直接影響顧客對飯店的整體滿意度。服務人員為站在旅館的最前線，是顧客最先與最後接觸的人員，深深的影響服務行銷的效果。要成功的行銷一個服務產品，就必須成功地實施內部行銷。旅館必須對自己的員工行銷，甚至對未來可能的員工行銷，而且就像競爭外面顧客。

(一)內部行銷

內部行銷是指公司管理當局發起一種類似行銷的途徑激勵員工，使他們具有服務意識與顧客導向，而這些類似行銷的活動應是主動而有協調的，也就是透過工作產品（job-product）滿足員工需求，以吸引、開發、激勵、留住優秀的員工，內部行銷就是善待員工如善待顧客的哲學。旅館對待員工該由一開始提供「僱用」（employment），逐漸進步至「獎勵」（encouragement），再者「授權」（empowerment），甚至最後促使員工創新（innovation），這應是內部行銷的最高境界。

(二)外部行銷

外部行銷指的是一般常講的各種企業行銷行為，例如各種行銷研究與市場區隔的探討，發掘市場上消費者未被滿足的需求，確定目標市場，決定各項產品決策、通路決策、溝通決策，並以適當的組織安排，來執行既定的行銷策略。就這些行銷活動而言，行銷可以是一個無形的服務及行銷一個有形的產品，在品質上是相同的。但在服務業行銷中，企業的外部行銷通常是透過大眾傳播媒體，嘗試著將無形服務有形化，而給予消費大眾一些期望與承諾。

(三)互動行銷

互動行銷指的是第一線的服務人員，從顧客的觀點出發，將公司的服務提供給顧客的互動行為。旅館的服務人員和顧客有良好、友善、高品質的互動，才是真正優良的服務。因為大多數的服務，是透過旅館的員工來提供。服務品質最重要的關鍵在於提供服務者與顧客間的直接互動，因為在接受服務之前，顧客只能期待

（預期），而服務提供者與顧客間的互動，則是「真實的時刻」（moments of truth）發生的所在。換言之，旅館業者的真實面目在這個時刻顧客才能瞭解與體驗。

 第四節　個案與問題討論

【個案】姿態低一點，萬事都OK！

場所：台北市中山北路某家五星級飯店

人物：(一)夏天夫婦（Mr. & Mrs. Summers），英國出版商

　　　(二)Ms. Rita，禮賓接待

夏天先生　某年、某月、某天	Rita　某年、某月、某天
這簡直是強盜！對於一個商務客來說，我每天都要發很多傳真，影印很多資料，這家飯店對於商務服務的收費簡直不可思議，你知道嗎？一頁傳真收費將近美金8元，起碼多收了5倍，我是發傳真不是要買傳真機耶！還有影印10張文件，要花美金4元等等。我向櫃檯提過很多次，他們都說會反應上去，可是都沒下文。今天我向禮賓接待員提出我的不滿，Rita是很客氣，人長得很甜美，也一直向我道歉，可是她說這是公司政策，任何人都無法更改，她還說全台北市的飯店傳真及影印的費用一點都不貴。她的態度非常誠懇，讓我覺得我如果繼續抱怨下去，不但不會有結果，反而好像在為難她似的。算了，也許我不太適合住這家飯店，下次別再來就是了。	今天夏天先生來找我，向我提出傳真收費太貴的事，還說他已經提過很多次了，天地良心我可是第一次聽到。夏天先生真是一位紳士，縱使是Complain，態度依然溫文儒雅，但是我能怎麼辦呢？公司所有的產品訂價都是經過審慎的程序，最高管理階層同意而實施的，我哪裡可以隨便改變它，再說，別家飯店也是這樣收費，又不是只有我們特別貴。我只好不斷的道歉、解釋、請求諒解，還好夏天先生真是善解人意的好好先生，他還反過來安慰我，直說沒關係，沒關係。不打笑臉人嘛！應付客人的投訴還不簡單，只要態度裝得誠懇一點、姿態低一點、口氣委婉一點，很容易就搞定了。不過坦白說，我們的傳真收費還真是貴呢！

【問題討論】

　　1.請問上述個案中,該飯店有何錯誤?

　　2.如果您是禮賓接待Rita,您會怎麼做?

第七章

服務態度與顧客滿意度

- 服務態度的內涵與重要性
- 顧客滿意度的內涵與重要性
- 旅館員工服務態度與顧客滿意度分析
- 個案與問題討論

綜觀全球產業之演變，服務業之興起與製造業之式微變成一種趨勢。2012年我國服務業占國內生產毛額（GDP）比重已經高達68.5%（行政院主計處，2012），由此可見服務業在國家經濟發展之重要性。但服務品質卻一直為人所詬病，其中尤以服務態度為最。隨著時代的進步與所得的增加，人們所追求的由量的有無，變成質的好壞。Chase與Bowen（1987）指出，旅館業是純服務業的一種。因此，服務不僅是服務人員為顧客提供精神上與體力上的勞務之外，也包括顧客所獲得的一種感覺。因此，如何使服務人員以良好的服務態度為顧客服務，以滿足甚至超越顧客的需求，乃是旅館服務經營者所特別重視。有鑑於此，本章首先介紹服務態度的內涵與重要性，進而說明顧客滿意度的內涵與重要性，並分享旅館員工服務態度與顧客滿意度，最後為個案與問題討論。

 # 第一節　服務態度的內涵與重要性

本節將針對服務態度的內涵與服務態度的重要性做進一步說明：

一、服務態度的內涵

旅館的產品可分為有形的，如設備與備品，與無形的產品，如員工的禮貌及服務等。Lewis（1989）認為，旅館產品中最重要的不是有形的部分，而是無形產品的部分。而服務人員良好的服務態度表現，讓旅館服務之無形性成為具體有效行銷策略。

國內外多數的學者都認同態度包括三個主要的成分，即認知成分、情感成分和行為成分（徐光國，1996；黃安邦，1992）。

(一)認知成分

或稱信念、信仰、知識、思想成分。認知成分是指對人、事、物所持有的信念、知覺與訊息,且在信念中含有價值的判斷。

(二)情感成分

或稱感情、評價成分。情感成分純指心理上的好惡感覺,它代表對人、事、物的情緒;評價是認知的判斷和情感的好惡交互產生的結果。

(三)行為成分

或稱行為、行為處置、行動傾向。行為成分是一種意向、動機,並且此意向是由外顯行為所推斷的,例如習慣的表現可顯示個人對人、事、物的意向。

二、服務態度的重要性

旅館為一典型的服務產業,其主要特性為服務的提供者(員工)與接受者(顧客)間的互動關係密切,而服務態度的發生主要產生於服務員工與顧客行為面的互動關係上。因此,瞭解員工服務態度的差異所在,將是組織中最應該重視的因素,當服務顧客的員工所持的服務態度是正面的,則其在服務接觸過程中經由工作所表現出來的服務品質會較高;因此,服務人員的態度是非常重要的。另外,如果態度友善親切且積極熱心,則更可提高顧客的滿意度,進一步強化服務利潤鏈的產生。

一份針對台灣國際觀光旅館61位管理者與20位大專院校餐旅

系教師的問卷結果指出（郭春敏，2003）：「旅館管理系學生之專業能力分為專業知識、專業技巧、管理能力、溝通能力與服務態度等五大構面，而以『服務態度』構面最為重要。」嚴長壽（2002）在其所著《御風而上》一書中指出，「專業的『態度』其實要比『技術』更為重要。」另外，在國外的文獻方面，Chase與Bowen（1987）指出，「服務不僅是服務人員為顧客提供精神上與體力上的勞務，還包括顧客所獲得的一種感覺。」以及Geller（1985）根據美國27間旅館中74位管理者之問卷得知，旅館成功的關鍵因素，依序為：一是員工的服務態度；二是顧客對服務的滿意度；三是華麗的設施；四是良好的地點等九項。綜合上述可以得知，員工的服務態度對旅館業的重要性。

百變旅館

「福祿壽」造型飯店

中國大陸倡導無神論，不過在河北省有一座飯店，竟然以「福祿壽」三尊神像做建築物造型，就連壽星公手上的壽桃，都是一間「壽桃套房」！這間飯店已經因為獨特的外觀，得到金氏世界紀錄的「最大象形建築認證」。

說到這三尊神像，別以為這只是雕像喔！其實這裡是一座大飯店。福祿壽三神的彩色雕塑，高41.6公尺。這三尊台灣人心目中的神像，裡頭藏著十層樓的飯店，就連壽星公手上的壽桃，都是壽桃貴賓套房，住一晚折扣價人民幣500元，等於台幣2,000元，這樣的創意夠炫了吧！

飯店業者王安表示：「這個創意本身不是佛，也不是道，

應該是中國傳統文化中，中國人美好願望的一種形象化身，所以我們覺得建這麼一座賓館，能夠吸引大量中外遊客。」

業者一再強調，這樣的創意沒有任何宗教色彩，而這座建築物也因為造型實在太具體了，還獲得金氏世界紀錄的最大象形建築認證。其實就像一般飯店一樣，這裡的設施應有盡有，九樓還有設備完善的總統套房，住在神仙肚子裡是什麼感覺？自己可以想像一下，或有機會至該飯店實際體驗一下。

資料來源：http://www.ettoday.com/2006/12/26/153-2032491.htm

第二節　顧客滿意度的內涵與重要性

本節將針對顧客滿意度的內涵與顧客滿意度的重要性做進一步說明。

一、顧客滿意度的內涵

Hempel（1977）認為，「顧客滿意」取決於顧客所期望的產品利益之實現程度。如果顧客期望大於實際的體驗則產生顧客不滿意；當顧客期望等於實際的體驗則顧客感覺尚可；當顧客實際的體驗超過期望則顧客感到滿意。簡單說只要是找出顧客的需要，然後滿足他就是「顧客滿意」。更進一步地說：必須深入顧客的內心去找出他們對旅館產品及員工的期望，並且以最快、最直接、最符合顧客意願的作法，且比競爭者更早去預先滿足顧客的需要。還要透

過來自顧客角度的認知評估，不斷的持續改善這個過程，以獲得顧客的信任，使他們成為終生顧客，進而達成共存共榮的目標，就是「顧客滿意」。

二、顧客滿意度的重要性

　　早在1950年代，消費者主義即提倡以顧客滿意為訴求將會導致獲利，來作為企業成功的信條。因此，顧客滿意度或消費者滿意度（consumer satisfaction）的概念，在行銷思想與實務上占有舉足輕重的地位，主要是導因於行銷之消費者主義的盛行。面對競爭日益劇烈的旅館產業，旅館業者唯有提高顧客滿意度方能增加自身之競爭優勢。因此，如何滿足顧客，以提升顧客滿意度來增進顧客重返的生意，進而導致長期獲利的結果，為經營管理者重要且日久彌新之課題。

　　消費者行為文獻指出顧客滿意度為購買決策的一個重要因素。許多服務業者著眼於以提升顧客滿意度來提高顧客重返率、顧客忠誠度，進而獲致長期獲利的結果，並著重於管理重點的衡量。因此，數以萬計的金錢均花費在顧客滿意的追蹤上（Wirtz and Bateson, 1995）。

　　從財務管理的觀點，顧客滿意不但對獲利力有顯著的影響，且可經由過去績效的評估進而預測未來財務的狀況。Rust與Zahorik（1993）提出，顧客之維持主要由顧客滿意所導致，並為市場占有的重要條件。Anderson、Fornell與Donald（1994）探討顧客滿意、市場占有率與獲利力的關聯性，研究發現顧客滿意度對經濟性利潤有正向影響。

　　從行銷管理的觀點，使顧客滿意不但可不斷的與舊有顧客建立關係，相較於爭取新顧客，是一種成本較節省的途徑，而且可

使舊有顧客有較高的再購傾向，並經由正向的口碑來爭取新顧客。Bearden與Teel（1983）指出，消費者滿意度對行銷者之所以重要的理由是，消費者滿意度通常被假定爲是重複購買、正向口碑與消費者忠誠度的顯著決定因素。Anderson與Sullivan（1993）對瑞典第一百大企業之前三十個產業所作的年度調查顯示，消費者滿意爲提升品質，使企業更具競爭力。

　　綜合上述研究顯示，顧客滿意度的重視度已經廣泛被企業實務與學術研究所確認。顧客滿意不僅是行銷的核心概念之一，亦是學術與實務研究所共同感興趣之研究議題。事實上，顧客滿意度被視爲是1990年代競爭環境下，創造持久性優勢之不可或缺的手段（Patterson, Johnson, and Spreng, 1997）。

態度的計算

　　以下的資料是筆者的朋友透過e-mail寄給我的內容，內容是有關態度的計算，筆者覺得很有趣因而提列出來與讀者分享如後：

　　如果令A、B、C、D……X、Y、Z這二十六個英文字母，分別等於1%、2%、3%、4%……24%、25%、26%這二十六個數值，那麼我們就能得出如下有趣的結論：

　　如，Hard Work（努力工作）：

　　H+A+R+D+W+O+R+K=8+1+18+4+23+15+18+11=98%

　　而，Knowledge（知識）：

　　K+N+O+W+L+E+D+G+E=11+14+15+23+12+5+4+7+5=96%

那麼，Love（愛情）Luck（好運）如何？

Love（愛情）=L+O+V+E=12+15+22+5=54%

Luck（好運）=L+U+C+K=12+21+3+11=47%

然而，這些我們通常非常看重的東西都不是最圓滿的，那麼什麼才能使生活變得更圓滿呢？

是Money（金錢）嗎？

M+O+N+E+Y=13+15+14+5+25=72%

是Sex（性）嗎？

S+E+X=19+24+5=48%

No！金錢跟性皆非也。

那麼，什麼能使生活變成100%的圓滿呢？

It's Attitude（態度）

A+T+T+I+T+U+D+E=1+20+20+9+20+21+4+5=100%

正是我們對待工作、生活的態度能夠使我們的生活達到100%的圓滿！

資料來源：作者整理。

第三節　旅館員工服務態度與顧客滿意度分析

旅館是城市最佳發言人。舉凡世界上的主要城市，都可找到一、兩家讓國人津津樂道、印象深刻的旅館。就台灣而言，國人的

熱情與友善素為國外旅客所稱讚。因此，我們應該發揮此優勢讓顧客至飯店有賓至如歸之感。服務人員為旅館的最前線，是顧客最先與最後接觸的人員。服務人員服務態度的良窳將直接影響顧客對飯店的整體滿意度。

根據筆者於民國95年針對日本、美國及台灣三國對我國國際觀光旅館員工的服務態度與顧客滿意度之研究。本研究係利用探索性因素分析（Exploratory Factor Analysis, EFA），將三十項之服務態度問項萃取濃縮成解決問題、同理貼心、積極服務及親切友善等四大構面。再利用重視度—滿意度分析（Importance-Performance Analysis, IPA），將重視度與滿意度併合考慮，明確求得提升顧客滿意度重要績效服務態度項目。研究結論發現，不同國籍顧客對服務態度重視度與滿意度顯著差異所列主要原因之顧客型態、國民文化差異，及IPA分析提出之影響顧客滿意度重要績效服務態度重要項目，供競爭激烈的國際觀光旅館經營管理者於行銷管理、人力資源部訓練員工時參考，說明如後。

一、行銷管理面

以下根據研究結果，特別將日本顧客喜好團體旅遊、美國顧客偏重散客商旅，以及提升顧客滿意的關鍵服務態度項目三項說明如後。

(一)日本顧客喜好團體旅遊

由於日本顧客大多以團體旅遊（package tour）為主，致其顧客將注意力集中於行程之安排，而較不在意旅館住宿條件之選擇，且其主控權又大多落在旅行社與導遊身上。因此，欲吸引此類顧客上

門消費，提升其滿意度，可能於旅館行銷時應加強下列數項：

1. 推廣策略，增加旅館正面印象的媒體曝光率，提高旅館形象及知名度，使顧客在平時即對本旅館印象較深刻，激勵想住的動機，而選擇此package tour。
2. 持續做好行銷通路與旅行社或訂房中心之公共關係，促進彼此生意往來。
3. 專門櫃檯辦理團體check in/ check out手續，節省時間。
4. 提供導遊與領隊之服務，如免費水果、香檳之免費房等等。

(二)美國顧客偏重散客商旅

美國顧客大多為商務旅客且以散客（free individual tour）為主，多數透過秘書或個人安排住宿，自當較重視旅館之選擇條件，故旅館行銷時應加強：

1. 個人化及高品質服務。
2. 重視顧客個人隱私。
3. 房間內免費上網設備。
4. 專門櫃檯，快速辦理顧客check in及check out服務。
5. 提供洗衣打折服務。
6. 提供商務顧客在台免費使用手機服務。

(三)提升顧客滿意度的關鍵服務態度項目

此項關鍵服務態度項目，係排行重視度加權後滿意度之前三項，必然較IPA重要績效服務態度項目更值得重視，尤其當組織中的人力、物力、財力、時間等資源有限之際，業者應更積極推銷此台日美各國顧客之個別關鍵項目，更能彰顯執行績效，並將資源花在

刀口上，介紹如下：

1. 針對台灣顧客行銷推廣時，強調旅館員工服裝儀容整齊優雅，服務過程中精神飽滿且隨時保持微笑。
2. 針對日本顧客行銷推廣時，向日本顧客強調旅館員工對您的國籍膚色沒有差別待遇，服務過程中精神飽滿，不因您的穿著而提供不一樣服務。
3. 針對美國顧客行銷推廣時，向美國顧客強調旅館員工服裝儀容整齊優雅，服務過程中精神飽滿且服務很親切如朋友般跟您交談。

二、人力資源管理面

以下針對本研究的四個構面：解決問題、同理心、積極服務、親切友善，以及關鍵項目分析與建議如後。

(一)解決問題方面

台日美三國顧客均一致認為員工在解決問題方面的能力差，如顧客抱怨處理等。這份研究分析結果的產生乃是由於顧客遇到問題時沒有獲得解決，或不滿未能即時獲得服務人員適當的處理或對待。其解決之道為：

◆適當授權

台灣顧客對抱怨處理最不滿意。當旅館制度不健全，如服務人員未得到主管的授權，不能夠及時給予補償；此時若加上層層往上報告之官僚程序，致顧客等候太久衍生更嚴重的抱怨。Heskett與Schlesinger（1994）指出，要使服務者有良好的服務態度便須對服

務人員授權。Parent（1996）顧客調查發現，公司或組織能成功服務顧客，或顧客選擇再度光臨，或顧客對員工的服務滿意，充分授權（支持員工）為其要素的重要理由，因服務員工有彈性（Mayo and Collegain, 1997; Larsen and Bastiansen, 1991），組織能授予員工某程度的權限，員工便能在權限內為顧客做最佳的服務，一旦顧客有某種抱怨，員工便能給予即時補償服務。

◆建立完善顧客抱怨處理機制（含資料完整建檔）

Fornell與Wernerfelt（1987）指出，維持現有顧客的成本遠比吸引一位新顧客低，約為1：5比例（謝耀龍，1993）。就旅館管理而言，若能建立完善顧客抱怨機制，確實施行並謹慎處理，消弭顧客抱怨，即能挽回顧客滿意度，保住舊顧客，招徠新顧客。訓練員工主動積極鼓勵顧客分享其內心之不滿意項目，簡化顧客投訴的程序，同時對顧客有問必答，對於顧客提出的意見有反應，對問題要有誠意解決。甚至對提出抱怨或問題的顧客給予適當獎勵，如贈品、住宿招待券等。如此很可能讓不滿意的顧客回心轉意，「再給飯店一次機會」。

飯店管理無論在服務素質上下了多少功夫，總還會接到顧客的抱怨，但是當顧客願意對飯店的服務提出抱怨、意見時，其實這也表示顧客願意再給飯店一次機會。因此抱怨發生後顧客資料的建檔非常重要，除了不讓顧客抱怨再次發生之外，也代表著飯店非常重視顧客的感受。所以，在瞭解了當時抱怨處理之情況及顧客的習性後，應將顧客的資料完整建檔，以利日後查詢，並藉由顧客抱怨改善服務缺失，提供更貼心、更人性化的服務。

◆加強員工的外語能力

劉麗雲（2000）指出語言能力為員工重要能力；李福登（2000）於教育部「技職體系一貫課程推動」研究之期中報告進行

旅館課程研究調查時，亦指出外語能力爲重要課程之一。當顧客對服務有所抱怨、不滿時，若服務人員外語能力不佳，只會表達抱歉（just say sorry），將無法瞭解顧客眞正抱怨的問題，無法解決問題，重拾顧客的心。再者，目前台灣的國際觀光旅館使用大量兼職服務人員，如何加強員工或兼職者英、日文之表達能力，實爲國際觀光旅館人力訓練應努力之方向。

(二)同理心方面

研究分析，此項結果乃由於服務人員缺乏同理心。旅館業屬於勞力密集的產業，工作時間長且不定，薪資不高，一般人難將其視爲終身行業，大多數業者很難徵選到眞正具有服務熱忱的員工。蔡蕙如（1994）指出，如何讓員工在職場中擁有快樂是職場獲取員工的心的不二法門，而企業若能獲取員工的心，創造一個讓員工滿足的工作環境，員工就能提供好的服務。故旅館管理者應加強員工的遴選，找出具有服務熱忱的員工，營造和樂愉快的工作環境，激勵員工發自內心的服務態度，使員工樂在工作，進而提升員工服務態度。

(三)積極服務方面

本研究分析，員工積極服務滿意度低乃由於目前旅館業的人力精簡，服務人員的工作負荷量重，加上員工薪資偏低且又需配合輪班，稍一不如意即提出離職，或因目前我國國際觀光旅館的服務人員很多來自於兼職（part-time, PT）員工或學校實習生之故。其結果導致旅館業員工易因薪資不相稱即提出離職，部門管理問題常傷腦筋於人力不足與高員工流動率（徐于娟，1999），俟假日、節慶旺季忙得不可開交之際，顧客需求就較易被忽略；或服務態度的要求較無法達到一定的水準，降低顧客對員工積極服務與解決問題滿意度。

一如香港旅館業調查報告Siu（1998）指出，人力運用爲旅館成功的重要條件。旅館管理者對於員工人力配置與兼職制度之問題應加以重視，以提升員工的服務態度。

◆美國顧客對積極服務的滿意度最高

本研究分析此項結果乃由於美國顧客習慣給予服務人員小費（To Insure Promptitude, TIP），其意於確保快速，激勵服務人員快速積極表現以客爲尊的服務之故。按台灣現行服務政策，小費係由業者主動於消費帳單加上10%，員工通常分配不到，因而缺乏是項直接的正面鼓勵，造成員工有「做沒賞、做壞無妨」的心理，加上薪資低，員工難免低落其服務友善態度與品質。因此，旅館業者應重視小費問題，如何在消費者與服務人員間取得一個平衡點，讓小費合理化，亦是旅館業者值得思考改進的議題。猶如Daley（1995）研究指出，外在（物質）報酬例如小費，會直接有效提升服務人員的服務態度，合理的給予服務員工小費，將可提升其服務態度。

(四)親切友善方面

服務員工態度親切友善是三國顧客均最滿意的構面。服務人員是影響顧客滿意之重要因素，多數學者提及服務人員應具備親切友善，Sandwith（1993）指出，服務人員應與顧客良好互動（Heskett and Schlesinger, 1994）。國人的熱情與友善素爲國外旅客所稱讚，因此，我們應該持續培養員工親切友善的氣氛，以發揮此項優勢，讓顧客至飯店有賓至如歸之感。

(五)關鍵項目分析與建議

以下針對本研究的關鍵項目，如突發狀況、標準作業程序（SOP）、員工儀容、服務精神、沒有國籍膚色差別及服務親切如

朋友等說明如後。

◆突發狀況之處理

　　保持冷靜處理顧客的問題及隨時注意突發狀況這兩項，是重視度高但滿意度低之項目。研究分析，重視度高但滿意度卻很低是因爲服務員工處理問題的臨場反應能力較差，以及面臨突發狀況的覺察能力、因應專業訓練的反應能力不足。其解決之道，應從加強專業能力訓練著手。

　　專業能力係指從事某專門行業之職務，能勝任該職務工作內涵所應具備之能力。Kriegl（2000）研究指出，專業能力爲國際觀光旅館服務人員應努力培養與訓練（Siu, 1998），如旅館作業操作技巧與技術，尤其是員工臨場反應能力、突發狀況處理訓練等更是重要。因此，旅館業管理者可利用角色扮演，模擬訓練員工之臨場反應解決問題能力，此外，亦應確實做好各項突發事件的預防演練，如地震、火災等作業流程。

◆標準作業程序（SOP）

　　目前台灣國際觀光旅館的服務標準作業程序，各家大同小異。爲確保業者正確運用台日美各國適用之重要績效服務態度項目，本研究建議各旅館應針對來館的主要客源，依各國的顧客喜好不同，訂定其服務標準作業程序（SOP）以滿足其需求，進而增加顧客滿意度。

　　近年來由於台灣生活水準與收入大幅提高，赴國際觀光旅館消費之人數增多。根據交通部觀光局（2012）資料顯示，2012年來台旅客計七百三十多萬人，較2011年的六百零八萬人，成長20.11%。七百三十多萬來台旅客約三百多萬人是華僑。外籍旅客中日本客人約一百四十萬人，而美洲地區旅客約九十四萬多人。但目前台灣國際觀光旅館的服務方大多爲美式與日式服務，並未針對台灣人而發

展一套台灣式的服務態度。由上述的資料顯示，國人至國際觀光旅館的消費者占一半以上的客源。因此，業者應思考此實況，多考慮台灣顧客之需求，適度修改其旅館之SOP，提供更接近台灣人的服務，藉以增加其服務滿意度。

◆員工儀容之要求

旅館員工服務儀容整齊、優雅為顧客滿意的關鍵項目。

1. 加強員工國際禮儀之訓練：McColl-Kennedy與White（1997）提及，顧客認為員工禮儀為旅館服務人員最基本應具備之條件，且微笑是服務人員最基本亦為最重要的服務態度，可親切拉近與顧客之距離。Kriegl（2000）亦指出，瞭解國際禮儀是非常重要之條件。Tas（1983）亦認為員工的專業外表儀容，為旅館服務人員應重視者。故業者需加強員工國際禮儀、美姿美儀之訓練及重視員工制服之顏色與材質，以增進顧客對員工之好感，確保此項最滿意關鍵項目。

2. 招募容貌較佳之外場人員：由於前場的服務人員為顧客一入門便接觸到的第一線人員，從心理角度來看，基於月暈效果，服務人員容貌較佳者其顧客滿意度較高（Collins and Zebrowitz, 1995）。如Schwer與Daneshvary（2000）便提出了服務業服務人員外表容貌美醜很重要，其重要性就如員工外表容貌會影響顧客對美髮師工作表現之滿意度。Koernig與Page（2002）更以實證研究顯示，容貌外表佳者其服務品質也較佳，如果牙醫師容貌外表像美國明星Tom Cruise，則病患認為看病時比較不痛。服務人員容貌是提供顧客視覺感受（feeling）情境服務的要項（Brown, Fisk, and Bitner, 1994），因而容貌佳者對顧客視覺感受有加分效果。因此，建議業者應招募容貌佳的外場人員，以確保此項最滿意關鍵項目。

◆必備之服務精神

服務人員服務過程精神飽滿爲顧客滿意的關鍵項目。

Kriegl（2000）指出，國際觀光旅館管理者所需之專業能力，積極服務爲其必要條件之一。由於旅館業是二十四小時提供服務，常需長時間工作、配合輪班又薪資偏低，若員工缺乏高度的工作熱誠，容易離職或轉業。如何激發員工積極服務熱情，爲旅館經營者應努力方向。Daley（1995）研究指出，外在（物質）報酬，會直接有效的提升服務人員的服務態度，因此，建議業者應給予服務人員合理適當的報酬，提升其服務態度，確保此項最滿意關鍵項目。

◆沒有國籍膚色之差別待遇

旅館員工對顧客的國籍膚色沒有差別待遇爲顧客所滿意。Kriegl（2000）研究指出，國際觀光旅館員工對文化的敏感性要強。Tas（1983）提及瞭解顧客習性是國際觀光旅館員工專業能力的要項。McColl-Kennedy與White（1997）推論顧客認爲旅館服務人員應具備之條件，包括員工提供個人化的服務，如提供窩心的服務如專屬的信封、信紙；貴賓專用櫃檯。因此，瞭解台日美各國顧客的習性，投其所好，設計個人化服務，以滿足顧客需求，爲旅館經營者得努力之方向。

◆服務親切如朋友

旅館服務人員服務態度親切一如您的朋友在與您交談般，此項服務態度被美國顧客歸爲前三項最滿意關鍵服務態度項目之一；而日本顧客卻視爲前三項最不滿意之一。此有趣差異主要可歸因於美日國家文化之差異：Alden、Hoyer與Lee（1993）指出，「權力距離」較高的文化，階級制度分明；「權力距離」較低的文化，則較傾向平等。「權力距離」高的國家如日本，重視敬老尊賢，因此在

員工服務態度上則須恭恭敬敬。「權力距離」低的國家如美國，在服務態度上則較輕鬆隨和。此兩極差異可提醒業者在經營管理實務上，須賦予各國文化差異更多的思考與注意，如擬訂個別適合各國文化習性之行銷經營策略或員工訓練內容（如SOP）等等。

第四節　個案與問題討論

【個案】被小丁帥哥的「態度」打敗

　　場景：中山北路某一家高級飯店的日本料理餐廳
　　人物：小丁（帥哥），七年級生
　　主管：羅欣維（美女），五年級生

　　鳳凰花開、驪歌聲響，七年級帥哥小丁企管系畢業，從今天開始嶄新、不同的人生，蔚藍的天空，澄碧的大海，白皙的沙灘，蔥翠的椰林和灌木，似乎告訴我們無聊的學生生涯已然如雲散了，出運了。

　　由於經濟不景氣，股票直直落，打開社會版屢屢看到某家人因經濟問題跳樓，失業率不斷攀高。小丁透過104人力網站及報章雜誌等努力找工作，面試多次但運氣似乎不佳，不是老闆不要他，就是他不喜歡公司。不過樂觀的小丁告訴自己「經濟不景氣，所以心情就更要爭氣，不能被環境打敗」。由於轉念，上帝馬上發現到。因此，接到某飯店通知面試的機會。

　　哇！五星級飯店氣氛佳、高級有品味，感覺飯店內的服務人員皆是美女與帥哥。加上，服務業是未來發展主要的趨勢。在徵求各

方意見下：女友、死黨及家人等寶貴意見，決定到此飯店面試，希望成為另一個旅館人——嚴長壽（亞都麗緻集團總裁）。

　　經過三天的職前訓練，帥哥小丁，由於外表出眾，很適合前場服務人員，因此分配至該飯店的日本料理廳。由於小丁並非餐旅系的學生，因此他有一些基本的服務態度，真是讓主管們傷透腦筋且每天戰戰兢兢不知今天會出現什麼讓人驚天動地的事情。

　　客人：「我的薯條為何還沒來呢？」主管說：「馬上就來，我去看看。」而另一方面帥哥小丁卻偷吃客人的薯條，讓主管傻眼，當主管詢問他為何偷吃客人薯條，他卻不以為然的回答主管：「反正客人也不會知道一份薯條裡有多少條薯條呀！」

　　當天晚上正是餐廳裡的員工聚餐，裡頭有餐廳各階級的人員來參加，當然囉！不可缺少董事長一人啦！董事說：來份餐廳裡最有名的Sa Ke（清酒）吧！而帥哥小丁說：沒有Sa Ke，只有sack（保險套），讓主管不只嚇到皮皮剉，連魂都不知飛掉多少。果然，隔天單位主管就被餐廳經理上級海削一頓。

　　幾天後，帥哥小丁沒有來上班卻也沒有請假，主管詢問他為何沒來上班，他卻回答「我得了禽流感（流行性感冒）重病在家休息，公司應該不會那麼沒人性吧！硬要我抱病來上班。」

【問題討論】

1.請問您認為小丁的服務態度如何？有何需要改進的呢？
2.請問如果您是小丁的主管該如何處理上述狀況？

第八章

人力資源管理

- 人力資源管理概念
- 旅館人力資源管理的問題
- 旅館人力資源問題的解決之道
- 個案與問題討論

近年來，人力資源部門在組織內的地位已漸提升，人力資源管理儼然成為新興的專業領域。1980年代起，歐美企業逐漸體認人力資源才是組織的命脈，又有鑑於「人」是企業生產要素中較難控制的一項。故開始對其招募、訓練、用人、留人及發展，主張以異於傳統人事管理的方式來運作，人力資源管理於焉產生。本章主要介紹人力資源管理概念、旅館人力資源管理的問題、旅館人力資源問題解決之道及最後的個案與問題討論。

第一節　人力資源管理概念

一、人力資源的重要性

人事管理（personnel management），又稱為人力資源管理（Human Resource Management, HRM），強調的重點是人力資源的利用與開發，人與人及人與組織間關係之維繫，以及人與事間之協調配合。對於旅館組織生產力、氣氛和諧，均息息相關。旅館組織系統的存在，必有其目標，為達成組織目標，業者通常會設計一套合適且必要的職務分類，經由分析各職務性質，再訂出適合的人選條件，依此職務條件，尋覓合適的人才，以求人盡其才，達到人與事的相互配合，進而達成組織目標（吳勉勤，2006）。

由於旅館產業是提供勞力密集為主的服務產業，故需要充沛及優秀的從業人員，方足以提供客人高品質的服務。因此人力資源的素質是企業所重視，亦是企業獲得競爭優勢的關鍵因素之一。企業建立一套良好的人力資源管理制度，將可以提升公司整體的競爭力。有鑑於人事費用為旅館業最大的支出，唯有人盡其才，才能發

揮其功效，而不浪費資源，因此如何做好人力配置工作，是旅館人事管理的首要課題（宋一非，1995）。

目前我國各旅館人事部門的名稱甚多，如人力資源部、人事訓練部、人事部（室、組）等，完全視旅館規模大小、經營特性、營業項目及人員配置，來決定部門名稱或設置與否。但因爲各種因素之影響，不但人力呈現不足現象，且流動性甚大；除了很少數規模較大的旅館因福利、薪酬及培訓制度較完備，其員工質、量尚合乎需求外，其餘的業者均遇到相同的問題，諸如長期人才招募不易、偏高的人員流動率、人員培訓不具體、同業挖角、中高級管理幹部素質不足，以及勞工法令修改後之衝擊等問題；故人力資源管理問題叢生，最讓業者困擾。人力資源管理，是針對組織中人力資源需求的政策、規劃、招募、選用、訓練、報償等各項工作的執行管理，以符合組織人才的需要（周明智，2003）。

二、人力資源管理的定義

所謂「人力資源管理」（HRM）意指：組織有各種不同知識、技能及能力的人，他們從事各種不同的工作活動以達成組織目標，並且在組織管理整體中的一環，占有相當重要的地位。根據張緯良（2003）指出，人力資源管理包含下列程序：

1.管理：運用資源以達成組織目標的程序。
2.人力資源管理：運用組織人力資源，支援組織各項作業，以達成組織目標的程序。

三、人力資源管理的演進

人力資源管理的演進可分為四階段，由最初的辦事員角色，逐漸演變成管理專才角色，進而變成策略夥伴角色，其說明如**表8-1**。

表8-1 人力資源管理的演進

階段	時間	背景	角色定位	主要工作內容
第一階段 人事行政 時期	1950年代初期 〜 1960年代中期	台灣地區企業以國營企業為主，人事工作大多研習公務部門	辦事員	1.一般行政事務 2.人事資料建存 3.管理員工出勤考核 4.計算薪資 5.年終考核
第二階段 人事管理 時期	1960年代中期 〜 1970年代末期	中小企業紛紛設立，成為台灣經濟主幹。許多中大型企業逐漸形成集團，也吸引外商公司紛紛來台投資，並引進人事管理制度，從此人事部門的地位與專業漸漸得到肯定	辦事員／ 管理者專 才	由「一般人事行政」擴及「企業人員徵選、聘用、考試、訓練」
第三階段 人力資源 管理時期	1980年代初期 〜 1990年代末期	人力資源管理的專業性日益提升，相對的人力資源部門／管理者地位也跟著提高，因此社會紛紛成立或組設專業協會與相關研究所	管理者專 才	人力資源相關計畫的發展與執行為主，一般人事行政為輔
第四階段 策略性人 力資源管 理時期	2000年起至今	市場開放，國際競爭日益激烈，企業需不斷調整經營策略，以應環境挑戰	策略夥伴	參與公司經營策略的制定，結合公司策略性目標與人力資源管理政策

資料來源：張緯良（2003）。

百變旅館

山洞飯店（Cuevas La Granja）

　　只參觀山洞當然不過癮，不妨進住山洞飯店，試試做摩登原始人的滋味。瓜地斯一帶只有兩間山洞飯店，這裡的景觀雄偉壯觀。

　　這家開業剛滿三年的山洞飯店約有十幾間「山洞屋」，每間可供二至六人入住，陸續有些山洞尚在加建中。稱它為「屋」，是因為每間山洞都設有客廳、飯廳、開放式廚房、睡房和浴室，加上現代化的烹煮設備、暖爐、電視等，還有安裝在廚房、火爐邊、睡房的通氣口，以保空氣流通，先進的與一般大飯店沒什麼區別，提供給一些想體驗「山洞癮」的城市人住最適合不過。

　　現代化設備的雙人套房山洞，用鮮黃色作為主色，加上大花牆壁的線條設計，完全不會讓人有置身在原始山洞中的感覺。房中即使沒有窗，也不會讓「空間恐懼症」的人有侷促的感覺。加上厚厚的山洞牆，即使餐廳內夜夜笙歌，也不會被騷擾到，一樣可以睡到天亮。

　　山洞飯店的現代化設備已讓人讚不絕口，更令人驚喜的還有飯店的景觀，位於寧靜的小山上，坐擁連綿雪山的雄偉景色，加上種滿了鮮花的小花園以及「非山洞」的餐廳。此外，夏天有戲水的露天泳池，讓人想長住下來，不想離去。

資料來源：

1. http://www.cuevas.org/english/index.html

2. http://travel.appledaily.com.tw/index.cfm?Fuseaction=View_Content&CPage=1&NewsDate=20041130&Article_ID=1416963

第二節　旅館人力資源管理的問題

　　服務業向來是最重視員工服務的行業，因為「人」是服務業最大的資產，不論是外部顧客或內部顧客，都是值得我們重視與珍惜的。因此，除了良好的工作環境外，「人」的問題更是企業必須加以重視的部分。以下根據盧偉斯（1999）研究結果及與旅館業者訪談結果得知，目前旅館業人力資源管理所面臨的問題有：員工高流動率、績效考核誤差問題、員工參與度低、人力配置問題、服務特性——產品的差異性，以及加強員工語言能力與專業應變能力等問題，說明如下：

一、員工高流動率

　　人是所有企業最重要的核心資源之一，尤其是以服務業為主體的旅館業，更是不容忽視，然而旅館業因人力精簡，工作負荷量重，且工作需輪班等因素，導致員工流動率高，大多飯店餐飲部的前場服務員，目前多為兼職員工或學校實習生，因為台灣服務員底薪少且國人又沒給小費的習慣，故鮮少有前場服務員以此為終身職。因此，除了薪資問題，如何替員工謀福利，幫助員工規劃生涯，適才適用亦為旅館管理者應重視的問題。

二、績效考核誤差問題

　　績效設定標準不明確，致各部門的考核結果無法客觀的比較，且績效考核的結果與年終獎金沒有相關，年終獎金以齊頭式的方式

發放。此外，業務人員的薪資結構，大部分比例爲固定薪資，也就是本薪與業績的相關性低，以致業務人員無法積極展現工作態度。新客戶的業績所占比率較低，業績來源多爲長期配合之簽約客戶。

三、員工參與度低（低授權）

　　集權式的企業文化往往由高階主管做決策並逕行下達指示，第一線主管的決策權限較低。現場第一線主管在遇到顧客異議或抱怨情形時，可能因爲旅館制度不健全（如服務人員未得到主管的授權），而不能及時給予補償。若加上層層稟告之官僚程序，讓顧客等候太久導致更嚴重的抱怨，進而承受高階主管的不高興與責罰。這些都會讓員工產生「多一事不如少一事」的作事心態，令員工工作士氣降低，參與度也降低。

四、人力配置問題

　　淡旺季、平日與假日的住房率差異頗大，在人力調度上便需予以因應。以房務部爲例，週五晚上入住的客人於週六上午九點至十二點退房後，下午三點隔天的客人即將要入住，亦即兩點前要將所有房卡交予櫃檯。短時間內要將所有的房間整理完畢，且符合高標準的品質，若全部編制都以正式員工聘用，將造成人力成本的增加，若採用工讀時薪人員，又有影響服務品質之虞。因此，有效的配置人員是相當重要的。

五、服務特性──產品的差異性

「顧客永遠是對的」這句話並不是旅館服務的指導原則，僅是一項「基本原則」。亦即對於顧客的要求，在合法與合理的範圍內都必須盡可能滿足顧客，由於每位顧客的文化背景與習慣有所不同，應盡力在合理的預算內儘量滿足顧客。以餐飲為例，相同的食材經過不同師傅的料理，肯定有風味上的差異。所以在一定程度上必須要求標準作業程序（SOP），以符合服務的特性。

六、加強員工語言能力與專業應變能力

在旅館作業操作上，遇到突發狀況是在所難免；但要如何妥善處理，讓顧客滿意，卻是一門極為重要的課題，尤其目前台灣的國際觀光旅館使用大量的兼職服務人員，若遇上這些突發狀況，是否有能力處理？語言方面的溝通與表達能力是否足夠？這些問題實為國際觀光旅館人力訓練部應努力之方向。

服務金三角

服務金三角的三大關鍵要素為：服務策略、服務人員、服務組織。以下將針對這三大關鍵要素作進一步說明：

一、服務策略
旅館成功服務的第一個關鍵要素在於旅館必須制定一套明

確的服務策略，包括選定最適合的市場、組織企業形象樹立，以及企業應該採用的服務標準等。這些策略內容必須充分體現「顧客至上」的理念，以確保企業在市場競爭中獲勝。

二、服務人員

　　旅館成功服務的第二個關鍵要素是服務人員。員工（服務人員）是第一線直接與顧客接觸，他們代表旅館，又是服務的化身，因此，服務人員素質的良莠對旅館業來講極為重要。服務的原則是以對待親人或最愛的人的態度來服務顧客，亦出自內心之服務。而非教條式服務訓練所教出的服務態度，對顧客來說不是真正好的服務。人與人之間自然互動下所產生的真心關懷，才是服務的精髓。與顧客直接面對面接觸的服務人員，藉由企業方針、服務基本守則等訓練課程，使其瞭解接待客人的程序及方式，目的是為了訓練員工運用自己的智慧及臨場判斷能力，將服務品質推向更高境界。如此也可以培養出員工強烈的責任感及自信，進而做到人性化的服務，以達滿足顧客需求與期待。他不同於製造業有其一定的標準和程序化，故員工優良的服務團隊與品質是旅館必不可少的。

三、服務組織

　　組織就是一群人一起努力為了達到企業共同目標。在旅館內部建立相應的組織機構，除了可以起到把最高管理層所規定的目標能有效地貫徹到基層工作人員的作用以外，對於旅館來講，還有其獨特的作用。

　　首先，旅館員工本身的行為就構成了服務這一「產品」的組成部分，而製造業中工人的行為可以影響產品的質量，但不會構成產品本身的一部分。旅館員工的服務行為對顧客所感受

到的服務起到了重要的作用，而且越是提供無形服務比重高的服務，顧客的心理感受的分量就越重。

其次，由於旅館服務產品具有無形性，不能儲存，所以很難依靠「庫存」來解決供求之間不平衡的矛盾。最好的解決辦法，只能靠有效的服務組織的管理者合理配置各種資源，以及時解決各種「瓶頸」現象，提高服務的效率。

再次，由於服務具有生產和消費同時進行，因此，會因為顧客的不同與環境的差異而難以提供完全相同的服務產品，故旅館業建立一套標準作業程序（SOP），使其服務儘量有統一標準，且進行控管等。

資料來源：

1.MBA智庫百科，http://wiki.mbalib.com/zh-tw/%E6%9C%8D%E5%8A%A1%E9%87%91%E4%B8%89%E8%A7%92

2.鍾燕宜、陳景元（2008）。〈網路書店E化服務行銷金三角模式對顧客滿意度及忠誠度影響之研究〉，《文化事業與管理研究》，第1期，頁1-31。

 # 第三節　旅館人力資源問題的解決之道

由於旅館業是二十四小時提供服務，需長時間工作、配合輪班又薪資偏低，若員工缺乏高度的工作熱誠，容易離職或轉業。如何激發員工積極服務熱情，解決員工高流動率、績效考核誤差問題、員工參與度低、人力配置、服務特性——產品的差異性，以及加強員工語言能力與專業應變能力等，為旅館經營者應思考的問題，說明如下：

一、員工高流動率

(一)管理人員養成計畫

　　旅館業盛行跳槽與挖角的風氣，常由甲公司跳到乙公司再跳回甲公司，結果職位越跳越高。如此，容易影響向心力較高的員工的士氣，故如何培養管理人亦為人力資源部門應注意的問題，如員工內部升遷、不用空降部隊等。以下介紹三種有關管理人員培訓方法以供參考：

◆內部人員培訓及晉升

　　大部分經理人員除了少數專業技能差異性過大者（如公司主體是中式餐廳，但新設的餐飲卻是日式料理）以外聘方式招募，其餘職務可以由公司內部人員晉升，公司可以針對組織的需求設計一套各職等訓練內容、晉升條件等客觀因素，來確保主管及人員的水準可以達到公司的要求。

◆交換訓練

　　為加強基層主管對組織各個單位的各項專業技能，有些飯店會要求員工升遷需要懂得相關單位的技能，如餐廳主管必須懂得基本的廚房或吧檯的技能，以強化其日後管理及對整體餐飲運作能夠更深入。又如房務部主管必須到前檯接受接待訓練，以奠定日後與前檯溝通的基礎。

◆儲備人員訓練計畫

　　此訓練應與前面兩項同時進行，除了由內部晉升的途徑外，另開發具有潛力、學歷豐富的新進人員。其主要的目的為有計畫培養

具有潛力的優秀人員，更要引進新血內化組織人員的向上心。就人力資源管理的觀點而言，一來可以充實組織的人力資源，再者為有計畫的網羅及訓練可用人才。

(二)員工生涯規劃

對於一個停滯未有新事業發展的公司而言，要留住好的人才真的很困難，因為沒有適當的職位讓員工擔任，升遷管道不暢通就會導致人才的流失，所以亞都麗緻嚴長壽總裁堅持開發顧問公司的原因即在此，藉此方式讓高階職務有流動性。

◆員工與組織的媒合關係

生涯的發展計畫是員工個人與組織的一種「媒合過程」，此一媒合過程係環繞需求、技能和發展潛能三個面向來進行，如**表8-2**所示。

◆員工本身的生涯規劃

1. 明確認知自己的興趣與專長：如旅館是否符合自己的興趣。
2. 學習各種基礎作業的技巧：將各項基礎作業的技巧摸熟悉，例如蘇國垚先生也是從房務員開始做到亞都麗緻的總經理。
3. 站穩腳步邁向下一個目標：基層職位的磨練、語文能力的提升、服務的熱忱。

表8-2　員工與組織的媒合關係

	員工個人	組織
需求	生涯發展需求	發展需求
技能	具備的技能	履行該職務所需的技能
發展潛能	潛能發揮的可能性	組織未來發展的前景

資料來源：盧偉斯（1999）。

◆公司對員工的生涯規劃

1.積極參與人資部門及各部門的訓練課程。

2.申請交換訓練（跨部門）提升相關專業知識。

3.參與儲備人員的養成計畫，以儲備主管知識的能力養成。

4.爭取進階訓練機會。

　　此外，解決基層員工高流動率之道為加強兼職員工的服務態度訓練，以及與旅館相關科系學校建立良好的雙向建教合作關係，培養可用且具服務精神的學生，讓學生至飯店就能儘快進入狀況，避免花很長時間在摸索而影響顧客對服務的滿意度。或以人力資源管理為出發點規劃人力，讓組織能擁有適量、適質人才，並適時配置於適當單位，達成組織工作目標（黃英忠，1997）。

二、績效考核誤差問題

(一)重新設定考核作業程序

　　重新設定考核作業程序，使考核結果與公司、員工的目標符合。

1.確認各部門的經營及營業目標，擬定旅館營業目標，每單位應努力達到此目標且定時討論各單位的目標。

2.建立各單位的標準作業程序：目前台灣國際觀光旅館的服務標準作業程序，各家大同小異。為確保業者能提供較佳的服務以滿足顧客的需求，本研究建議各旅館應針對來館的主要客源，依各國的顧客喜好不同，訂定其服務標準作業程序（SOP），以滿足其需求，進而增加顧客滿意度。

3.執行績效評估：先行對實施評估作業的主管作講習，儘量能做到一致性與公平性。

(二)調整薪資結構

目前的薪資結構中，員工的薪水是以本薪為主，以業務員為例，若當月達成業績目標，即可領取目標獎金，獎金約是本薪的5%。所以業績的壓力不大，也達不到激勵的效果。在期望理論中的一個變項是「績效—報酬關聯性」：亦即當績效達到一定水準後，獲得預期報酬的可能性。既然績效與報酬無關，付出的努力程度就可能較低。

(三)不同工不同酬

公平理論意指個人不只關心自己努力所得到的絕對報酬，也會關心自己所得到的報酬與其他人所得到的報酬之間的「相對關係」，若付出較多努力的員工所得與付出較少員工所得差異不大，將使得員工心生不滿／不協調的感覺，員工會自行調整至協調的狀態，如調整工作態度或者是去職。

三、員工參與度低

(一)充分授權

旅館決策者如果有過於集權的傾向，事事都需向上級報告結果，可能造成前場人員不敢負責任，如顧客希望加一客早餐，尚需請示，此亦造成服務人員的不便。旅館管理者若能充分授權到基層單位，其可使顧客於不滿意或抱怨時獲得補償，進而達到滿意。如

櫃檯的服務人員隨時保有2萬元的決策權力額度，可以用來處理顧客投訴案或其他情況，例如顧客訂房為附一客早餐的房型，前檯人員看見顧客有兩位同住，會直接致贈第二份早餐的優惠，讓顧客感受到「體貼服務，更勝於家」的企業精神。而櫃檯人員也因為得到授權，反而更會思考如何慎用這個額度。

(二)構建共同的價值觀

◆建立向心力

薪資的給付方式或其多寡雖是員工所重視的，但絕對不是影響員工向心力的最主要因素，飯店的經營理念與價值更為重要。如福朋喜來登飯店的經營理念是「維護Four Points核心價值、為員工創造事業機會、讓客人體會品牌精神」。期待飯店是員工事業目標的旅程，而不是跳板。讓員工透過主管之領導與公司之教育訓練，從工作中學習與成長，建立員工對公司有共同目標、認同感與共識以及使命感之向心力。

◆熱情與願景

由於旅館業是屬於勞力密集的產業，工作時間不定且長，也就是工作並不輕鬆，因此若對這旅館產業沒有熱情，將無法做好服務工作。因為旅館人需對服務人群有熱情，對旅館業具正面且積極願景，在旅館的大家庭中互相幫忙與照顧，發揮團隊精神呈現旅館人的熱情、和善與包容。瞭解自己的工作信念與態度，然後堅持自己的熱情與願景且樂在工作。

四、人力配置

人事費用為旅館業最大的支出，唯有人盡其才，才能讓每一分錢都不浪費，因此，在做人力配置時需事先妥善計畫出每天每位員工所需負責的工作。小心安排工作時間，並且要提前幾天完成此一表格。當主管能有效率地使用人力配置技巧，就能協助其所屬機構的預算不致超支，並為員工提供一個更有組織的工作場所，進而使顧客滿意度提高。以下是旅館進行人力配置作業時，通常應考慮的因素：

(一)情報預測

一般預測是以一個月、十天、三天為預估基礎，可以一個月的預估值來排員工班表，再利用十天及三天的預估值，作為修訂班表的參考。

(二)人力編制手冊

在人力編制手冊中，應該依飯店服務品質要求的標準去執行。換言之，當一個受過訓練的員工，每週在正確的做事方法下，可達到的工作預期成果，並儘量以量化的數據作分析，作為單位主管在安排人力時的參考依據。

(三)專職員工與臨時員工

服務業都會僱用專職員工（full time）和臨時員工（part time），在安排班表時，兩者都須列入考慮，固定員工不論是淡、旺季都須服勤工作，亦即不論顧客人數是多或少，服務人員均須列位以待。

(四)工作時間表

依據到客的尖、離峰時段，將人力作彈性的調整，先將每一個職務一天內所需工作的總時數列出來，配合營業單位的營業起訖時間，將員工的上下班時間交錯安排，亦即切勿將員工的上下班時間安排完全一致。

五、服務特性——產品的差異性

旅館業的人事管理作業上之要求程度，會依工作性質及其重要程度略有差異。依其差異程度區分，具有下列三種特性：

1.專業性：指具有特殊專長的員工，包括接待員、訂房員、餐飲服務員、會計與財務人員等。
2.技術性：指具有專業技術的員工，包括工程保養人員、餐飲烹調人員等。
3.非技術性：指較不需要專業知識的工作人員，如清潔工、做床工、洗衣工、洗碗工、雜工及一般事務性辦事員等。

由於旅館業係屬服務性事業，一切皆以提供能讓顧客滿意的服務為主要之目標。顧客在享受舒適的住宿設施、味美的菜餚之外，如能再加強親切的服務提供，必能讓顧客有「賓至如歸」之感，這種無形的附加價值是金錢所無法購得的。

六、加強員工語言能力與專業應變能力

1.語言能力為員工的重要能力，外語能力應為旅館服務業重要

課程之一。當顧客對服務有所抱怨不滿,而服務人員外語能力又不佳的情況下,只會表達抱歉(just say sorry),將無法瞭解顧客真正抱怨的問題,進而解決問題,彌補顧客的不滿,重拾顧客的心。

2.專業能力係指從事某專門行業之職務,能勝任該職務工作內涵所應具備之能力。在旅館作業操作技巧與技術上,員工的臨場反應能力、突發狀況處理訓練等是極為重要的。因此,旅館管理者可利用角色扮演,模擬訓練員工之臨場反應解決問題的能力,此外亦應確實做好各項預防突發事件的演練,如地震、火災等作業流程。

 # 第四節　個案與問題討論

【個案】感謝有您們的陪伴

　　Sandy是一位旅館管理系學生,當初大學聯考的第一志願就是要進入旅館系,因為她認為國際觀光旅館感覺很高尚、氣氛佳且又有機會跟不同國籍的人接觸,因此覺得這樣的工作環境很棒。在學校一年半後至飯店實習,在其實習過程中有過不適應、沮喪、憤怒的情緒,甚至要離開飯店辦理休學。但因為在那一段時期內透過人力資源部門同事與Sandy進行約半個月每兩日密集的心情分享,半個月過後進行每週的工作狀況分享且與跟各部門協調溝通,幫忙Sandy轉換工作部門,在經過人力資源部門兩個月的努力與幫忙下,從想離開旅館及辦休學的情況,變成一位很快樂、有信心且笑容滿面的旅館人。

　　Sandy告訴我們，雖然福朋喜來登的規模不是很大，但主管非常關心部屬，因為她到飯店實習的單位是餐飲部，而由於自己的個性比較外向，因此對餐飲內場的工作真的不感興趣。但又怕擔任客務櫃檯的服務人員自己無法勝任，因此每日心情掙扎痛苦，最後在主管與人力資源主管的幫助與溝通下，從餐飲部調到客務前檯。由於自己的外語能力尚可，又認為前檯外語能力應該要很流利而充滿挫折，但在人力資源部的訓練及單位主管的鼓勵下，自己慢慢的有了自信，感受到工作是快樂的，進而每日能面帶笑容面對顧客。現在她又覺得就讀旅館系是對的，而自己很感謝飯店對一位實習生都能這麼的用心照顧與訓練。她心想：「我不過是一位實習生，其實飯店可以在我表現不佳時就讓我離訓或退訓，但飯店卻用很人性的方式開導與幫忙我，除了感謝還是感謝。」

【問題討論】

1.請由上述個案中，討論人力資源部門在飯店中所扮演的角色？
2.假如您是個案中的主角Sandy，您對於人力資源部會有怎樣的想法與期許？

第九章

旅館財務管理

- 旅館營業成本與收入
- 財務管理分析目的
- 比率分析
- 個案與問題討論

飯店會計與財務在飯店經營業務活動中扮演著理財的工作，對飯店的管理和經營占有十分重要的地位。本章主要介紹旅館營業成本與收入，進而說明財務管理分析目的與比率分析，最後爲個案與問題討論。

 第一節　旅館營業成本與收入

根據蔣丁新、張宏坤（1997）認爲旅館成本劃分爲直接成本和間接成本，或是劃分爲固定成本和變動成本。此外，旅館業爲一營利性事業，其營業收入來源主要有三種，即客房收入、餐飲收入與其他附屬營業收入。說明如下：

一、旅館營業成本

飯店成本是指飯店在一定時期內的業務經營過程中所發生的各種支出的總和。它包括飯店的營業成本、營業費用和企業管理費，它是飯店在業務經營過程中所耗費的全部物質與勞力的貨幣形式。若以費用要素來劃分成本構成的情況下，則飯店成本可劃分爲直接成本和間接成本，或是劃分爲固定成本和變動成本。以下將其直接成本和間接成本與固定成本和變動成本做進一步說明。

(一)直接成本和間接成本

以成本與產品的關係來對成本進行分類。其中直接成本是經營中發生的可以直接計入某一部門或項目的成本，如食品原材料成本等。而間接成本則是指不能直接計入某一部門或項目而需要分攤的

成本，如水費、電費等。

(二)固定成本和變動成本

以成本與經營業務量大小的關係來對成本進行分類。其中固定成本是指總額不隨經營業務量的增減而變動的成本。如固定資產折舊，既不會因為飯店營業量增加而增加，也不會因為營業量減少而減少；而變動成本則是隨著經營業務量的變化，其總額成正比例變化的成本，如客房內各種消耗品的支出就是典型的變動成本。

二、旅館營業收入

(一)旅館營業收入來源

作為營利事業單位的飯店，在成本確定的情況下，營業收入的大小決定了營利的多少。旅館營業收入來源，主要有下列三種：

1. 客房收入：係指出租客房之收入。
2. 餐飲收入：包括中、西餐廳、日本料理、宴會廳、會議廳、咖啡廳、酒吧及客房餐飲服務等收入。餐食與飲料之材料成本不同，須將餐食與飲料收入分開。另外，餐食收入與飲料收入在各餐飲部門間亦非一致，例如中、西餐廳之餐食與飲料比例不同，客房餐飲服務中飲料比例小，而酒吧間則大多不售餐食等。
3. 其他附屬營業收入：旅館營業項目除了客房、餐飲外者，均可稱為其他營業。其他附屬營業收入之內容頗多，其項目包含休閒中心、購物中心（shopping mall）、國際會議場地、展

示中心、夜總會、停車場、洗衣、郵電、廣告服務及冰箱飲
料等。

一般而言，「開源節流」、「很會賣也要很會買」，一直是經
商者的名言。旅館營業部門依靠的是好產品，如果賣得好，利潤自
然會增加，如果各項支出管制得宜，事業經營起來也就一路發，惟
如何有效降低經營成本，則有賴良好的成本控制。

(二)降低旅館經營成本

試觀許多旅館、餐廳營業狀況頗為不錯，生意興隆，但平時
欠缺內部控管制度，亦無成本控制觀念，至年度終了，常常會出
現支出大於收入的現象。換言之，由於在營運期間，如未就旅館開
銷（支出成本）作適當的分配，並制定年度預算計畫，其結果可
想而知。茲列舉降低旅館經營成本說明如下（蔣丁新、張宏坤，
1997）。

◆人力運用方面

1.幹部兼任職務，節省人力。
2.員工輪調，以提升員工的競爭能力。

◆能源節約方面

1.客房電源控制鑰匙。
2.電源控制計時器。
3.分離式冷氣設備。
4.夜間冷氣控制、定溫。
5.游泳池循環水，再送至客房供馬桶使用。

◆廣告費用方面

　　1.與其他相關行業合作，共同刊登廣告，降低費用。

　　2.加強業務推廣，廣告企劃之連鎖，共同分攤。

◆採購成本方面

　　1.各加盟（連鎖）旅館聯合採購客房、餐飲等商品，節省經
　　　費。

　　2.實施比價制度，降低成本。

◆減少開支方面

　　1.影印紙兩面使用。

　　2.喜慶花卉再次利用。

　　3.電話、傳真之營收利潤，支付館內電話費用。

　　4.部分旅客由租車公司接送。

◆其他收入方面

　　1.設員工旅遊券（跟自己相關連鎖的飯店），自家消費。

　　2.自設簡易洗衣設備，清洗客房窗簾及客人衣物。

　　由上述的成本與收入觀點，旅館管理者亦應加強業務行銷，拓展市場；故應偏重於經營管理層面，切實做好各項管理與規劃工作，如妥善運用人力資源、處理突發事件、建立規劃制度，及確認本身之定位；節流則強調內部控制，包括品質、作業流程等。

百變旅館

Dog Bark Park Inn（狗叫公園民宿）

Dog Bark Park Inn（狗叫公園民宿）位於美國愛達荷州（Idaho）的中西部小鎮，95號公路旁的木造狗屋，是由一對藝術家夫妻Dennis Sullivan和Frances Conklin一手打造的，它的外觀是獵犬造型獨特的民宿（Bed & Breakfast），是世界最大的木造獵犬屋。

這隻木造犬還有個可愛的名字叫Sweet Willy，走進民宿，爬個兩層木階梯，進入房間後再往上幾步就是狗頭部位，這裡是溫馨臥房，房裡充滿各式狗狗手工藝術品，屋裡有一張大床和兩張雙人床墊，睡上4個大人不成問題，而狗狗的嘴巴部位則是舒適小書房，這裡有書但沒電視可看。教人驚喜的是，這裡連露天陽台都有，而陪在Sweet Willy身邊的，正是小他幾號的Toby，僅僅12英尺高，約360公分，不過他只是個負責裝可愛的木雕造景。

由於主人倆是藝術家，在民宿旁邊就有間Dog Bark Park禮品店，而這裡同時也是夫妻倆的藝術工作室。

資料來源：
1.《行遍天下》月刊，海外旅遊版，1月號。
2.http://www.dogbarkparkinn.com/

第二節　財務管理分析目的

本節將針對飯店財務管理的意義、財務分析的目的說明如下：

一、飯店財務管理的意義

根據蔣丁新、張宏坤（1997）指出，飯店財務管理的意義為保證飯店資金供應；開源節流，提高飯店經濟效益；提高飯店經營管理水準；提供飯店經營決策的必要資訊及財務管理的重要性等。

(一)保證飯店資金供應

資金是飯店經營活動的基礎。為了確保飯店得到資金效應，財務部門要詳細核定、積極籌措飯店所需要的資金。有了資金猶如給飯店不斷輸入新鮮血液，使飯店能有效地經營。飯店應仔細地精算資金需用量，並合理加以運用以促進飯店經濟效益。

(二)開源節流，提高飯店經濟效益

財務管理既管理供應投入，也管理收入產生。在資金投入前，財務管理要根據市場資訊和各種財務資訊，經過分析預測，決定資金投向和分配。飯店總是希望把資金投入到能產生直接或間接效益、效益比較顯著的地方去。

資金投入後，財務又透過會計核算監督控制投入資金的使用及使用效果，從而不斷增加飯店收入。在此同時，在會計核算過程中，按照計畫控制成本和費用，從而使支出壓縮到必要的合理程

度。財務管理因為能促進開源節流,因此對飯店提高經濟效益有著非常直接的影響。

(三)提高飯店經營管理水準

財務管理不是被動地去反映飯店過去的經濟活動,而是透過決策、控制來促進經營業務的發展。財務既可以綜合全面地反映飯店經營情況,設立一套能立即反映經營情況之財務管理系統,飯店管理階層便可及時瞭解各個部門、各種業務的經營情況,並針對具體情況作出決策,進而指揮控制業務的進行。

(四)提供飯店經營決策的必要資訊

在現代飯店,管理的重心在於經營、經營的重心在於決策、決策的前提在於預測、預測的正確與否在於資訊。資訊是使經營管理工作順利進行的重要工具。飯店制定計畫,組織經營活動,瞭解分析計畫的執行情況、經營結果,解決管理中存在的問題,在在都離不開資訊,而這些資訊主要就由飯店財務部門所提供。

(五)財務管理的重要性

飯店要有效的管理,就必須要有計畫、有組織的控制與監督企業資金的運用和調配,透過記帳、核算、分析,來控制成本、價格、利潤。因此,財務管理在飯店企業管理中占有重要地位。

從飯店財務部自身來說,它是一個較為複雜的部門,不僅需要有一般企業財務所須設置的會計、出納、內部稽核,而且還包含櫃檯結帳、外幣兌換等業務處理等。

二、財務分析的目的

根據陳哲次（2004）指出，旅館財務分析主要目的為瞭解飯店財務結構能力、解答有關經營管理的問題，以及提供不同使用者作為決策的相關資訊，其進一步說明如下：

(一)瞭解飯店財務結構能力

透過財務分析可以瞭解飯店財務結構，其分類及衡量指標如下：

1. 變現力：即短期償債能力。衡量指標為「流動比率及營運資金等」。
2. 受益力：即獲利的能力。衡量指標為「投資報酬率、淨利率等」。
3. 活動力：即資產運用的效率。衡量指標為「應收帳款週轉率、存貨週轉率、總資產週轉率等」。
4. 穩定力：即長期的償債能力。衡量指標為「負債比率、資本結構分析、固定資產占自有資金的比率等」。
5. 成長力：即營業收入、淨利、淨值等成長的速度。衡量指標為「各該項的比率分析或趨勢分析」。

(二)做好財務分析

透過財務分析可以協助解答飯店有關的經營管理問題：

1. 評核：評估飯店總經理或各責任中心的經營績效。
2. 診斷：診斷管理上、業務上及其他方向可能存在的問題。

　　3.甄選：爲選擇投資計畫或合併方案的初期，過濾不適合方案
　　　的工具。

　　4.預測：預測未來財務狀況及經營結果。

(三)財務報表的使用

　　提供不同使用者，作爲決策的相關資訊。財務報表的使用者，
包括飯店內部經理級以上的核心人員，以及飯店外部的債權人、投
資者及其他利害關係人。不同的使用者有其各自的目的與所需要的
資訊。以下依照目的之不同分別說明：

◆財務長與總經理等飯店管理者

　　飯店管理者關心飯店在各種不同營運狀況下目標達成的程度、
獲利能力及財務狀況。管理者依照財務報表的各項資訊，製成各項
分析，並且經過其比率的增減或趨勢的變動，來掌握飯店的財務狀
況與經營成果的變化情形。

　　另外，可以利用「例外原則」的管理方式，對重大變化進行深
入的研究，以便能夠即時發現問題所在，修改原訂計畫，擬訂因應
措施。

◆債權人

　　債權人是指提供資金給飯店的授信業者，因授信期間長短不
一，因此有所謂的「長期債權人與短期債權人」之分，短期債權
人關心的是借款。「飯店」在短期內是否有償還債務的能力，包括
目前流動資產的變現能力（就是所謂轉換成爲現金所需的時間長
短），以及應收帳款和存貨等的週轉率。

　　長期債權人關心的是，除了飯店短期債務狀況外，也關心飯店
長期的獲利能力以及營運資金流量，因爲這是飯店支付力及償還本

金的主要來源。

　　另外，資本結構分析也非常重要，穩固的資本結構（即資本比負債還多）可以提高債權人的保障，降低其本金無法回收的風險。

◆投資股票者

　　一般股票投資者所作的決策，總是一些如「這支股票可不可以買？」或是「多少價格買才合理？」這兩種的答案，換句話說，必須預測股票的風險及投資的報酬。投資的風險與淨利的趨勢及穩定有很大的關係。投資的報酬則來自以下兩方面：

1.股利的分配。
2.股票價格的上漲。

　　上述兩者與飯店的獲利能力及股利的發放政策有關。然而，股利的發放政策又決定於飯店的財務狀況、資本結構，以及目前與未來對資金的需求情形。因此，凡是飯店的財務狀況、獲利能力及資本結構等都是股票投資者作決策時所需要的資訊。

◆會計師

　　財務審計的最終產品，就是會計師對財務報表，是否能夠適當的表達飯店財務狀況與經營結果所表示的專業意見。為了蒐集足夠的證據來作為表達的依據，查帳人員於查帳過程中所想要表達的目的之一，就是「確定飯店無任何重大影響財務報表，表達錯誤或舞弊的存在」。

　　財務報表分析的某些工具，如比率分析、趨勢分析等，就是查帳人員藉以表達成此一目的的重要技巧。經由此一過程，會計師可以獲取與查帳工作有關的資料與證據。

　　此類分析，尤其適用於查帳的初期，會計師用以瞭解飯店變動

最大、弱點最多的地方，以便適當的掌握，並且給予較多的注意。

◆其他

其他一些利害關係人分析財務報表的目的，是財務報表的分析可以提供其他使用者作為決策所需的資訊：

1. 稅捐處與國稅局：可用財務報表分析的技巧查核所得稅申報書，並且檢驗列報金額合理性。
2. 政府行政機關：可以利用財務報表分析的技巧監督所屬飯店的經營。
3. 工會團體：可用財務報表分析的方法來評估飯店的財務報表，藉以協議合理的工資報酬。
4. 律師：可運用此類分析技巧以便深入調查與財務糾紛有關的案件。

環保旅館

自從德國環境部於1977年首先推出德國的藍天使環保標章計畫以來，全球目前已經有將近五十個國家參與超過三十個環保標章計畫，我國也於民國82年底推出環保標章計畫，開始推動綠色消費的觀念，以下簡介有關綠葉旅館評等制度之作業流程如下：

旅館業評等制度

各國的環保標章組織中，美國的「綠色標籤」（Green

Seal）已經推出綠色旅館指南，以色列正在研擬綠色旅館規格標準。加拿大則在1998年就已經推出「綠葉旅館評等制度」，並且有超過140家旅館的參與者，發展最為成熟，此評等制度之作業流程計分為以下五個作業方式及其步驟：

一、填寫綠葉環境評等查核表

　　申請參加此評等制度之旅館業者會先收到評等機構給予的一份「參加團體指南」與一份「環境績效查核表」。旅館之負責人員則依據「參加團體指南」上之說明與資訊，填寫查核表上要求之資料。

二、繳回填妥之查核表並繳交申請費

　　參與團體在填妥前述查核表之後，即將查核表繳回給評等機構，並且依據所擁有之客房數目多寡繳交不等之申請費用。

三、查核表內容之審查與評估

　　評等機構收到查核表之後，會派出稽核員前往參與團體之場所，查證所填寫之資料是否屬實，並且補齊資料填寫不完全之處。評等機構人員之後會依據事前設定之評分準則，針對填妥之查核表內容給予該得之分數，並且依據參與團體之環境績效分數決定應該給予之下列五種綠葉等級：

1.一片綠葉：旅館已經鑑別出環境缺失並採取改善措施，來改善其環境績效。
2.二片綠葉：旅館在減輕其營運之環境衝擊方面，已經獲得實質之改善績效。
3.三片綠葉：旅館在其所有營運與管理方面之環境績效，皆已經獲得優良進展。（評分超過55分）

4.四片綠葉：旅館在其所有營運與管理方面之環境績效，
已經居於全國旅館業之領導地位。（評分超過75分）

5.五片綠葉：旅館在其所有方面之環境績效已經居於全球
之領導地位，並且能持續推出作為整個旅館業界典範之
新政策與作業實務。（評分超過90分）

四、頒發綠葉評等結果

評等機構與參與團體簽署「綠葉評等結果」之使用授權
書，並且頒發評等結果與證書給參與團體。授權書中授權參與
團體可以在其行銷與宣傳之文件、資料及活動中展示其綠葉等
級，同時評等機構與加拿大旅館協會承諾會在其相關文宣活動
中提及參與團體之名稱。

五、定期審查與追蹤考核

評等機構會對於參與團體進行定期之績效審查，一般是一
年一次，以確保參與團體能持續維持其營運狀況，並作為應該
給予提高或是降低評等之依據。評等機構亦有權對於參與團體
進行不定期之審查活動。

資料來源：賴明伸（2000）。

 第三節　比率分析

比率在數學上表達是指一個數與另一數的關係。而比率分析是
財務分析中應用最廣泛的一項分析工具。就財務分析的角度而言，
比率係表示某一特定日或某期間，各項目的相關性，並以百分比表

示之，以求能將複雜的財務資訊，予以簡化，藉以獲得明確與清晰的概念（洪國賜、盧聯生，1991）。在眾多的財務比率分析中，本節將就旅館飯店業較常使用的財務分析工具如流動比率、速動比率、存貨週轉率、應收帳款週轉率及負債對總資產比率等，分析其目的、估算的方法及比率估算，說明如下（林玥秀、劉元安、孫瑜華、李一民、林連聰，2000）。

一、流動比率

流動比率在財務報表分析中是最常使用的比率。用以表示飯店的流動資產中，所能償還的能力，比率愈高，其資金週轉能力越高，安全性愈高，較不易發生週轉不靈的情況。其運算公式如下：

流動比率＝流動資產／流動負債

【例一】Mindy Paradise Hotel，2012年底之流動資產為187,600、流動負債為145,200，試問其流動比率為多少？

流動比率＝流動資產／流動負債
＝187,600／145,200≒1.29

【例一】中的流動比率得出的結果是1.29：1，表示有1.29元的流動資產對每1元的流動負債，此比率適當與否可和較早期間的比率或企業標準比率比較之後再行判斷。至於就業界的平均數字而言，美國之平均數字（Hanson, 1995）為1.1～1.5間，故就美國1995年之平均數字而言，Mindy Paradise Hotel短期償債能力是好的。

二、速動比率

速動比率比流動比率的說明更精細。速動比率只用某些流動資產，因為它們流動較快，或是可較快兌換成現金。它排除少許變現性較慢或不足之資產後的流動資產，像存貨和預付費用。此比率用以衡量可立即償付流動負債之能力，為一較流動比率更嚴格地衡量短期償債能力的財務指標。其運算公式如下：

速動比率＝（現金＋有價證券＋應收帳款）／流動負債

【例二】Mindy Paradise Hotel，2012年底之現金有57,500、有價證券為32,000、應收帳款為46,300，試問其速動比率為多少？

速動比率＝（現金＋有價證券＋應收帳款）／流動負債
＝（**57,500+32,000+46,300**）／ **145,200** ≒ **0.94**

【例二】中的速動比率是0.94：1，表示每1元的流動負債，有0.94元的速動資產可用來償還。將此一結果和較早期間的比率或企業比率比較之後，如美國業界平均在0.8～1之間，Mindy Paradise Hotel的速動比率為0.94，略大於業界平均值，故表示其立即償還短期負債的能力尚可。

三、存貨週轉率

存貨週轉率表示在某特定期間內，用以衡量存貨售出和進貨的週轉次數。其中平均存貨常用衡量期間的期初存貨和期末存貨的平均值來計算。存貨週轉率高表示存貨銷售快；存貨週轉率過低則表

示有滯銷情形。但存貨比例在食品營運中很難論定，因為有些存貨是有時效性或易腐性的；另外週轉率若過高，表示亦可能有存貨不足的情形發生，因此這種比率只是一種平均值，所以要很小心的界定。其運算公式如下：

$$存貨週轉率＝銷貨成本／平均存貨$$

【例三】Mindy Paradise Hotel，2011年底的食品存貨為7,500、飲料存貨為6,600；2012年底的食品存貨為7,000、飲料存貨為6,000；食品銷貨成本為380,000、飲料銷貨成本為110,000，試問其存貨週轉率為多少？

$$食品存貨週轉率＝380,000/（7,500+7,000）÷2≒52.4次$$
$$飲料存貨週轉率＝110,000/（6,600+6,000）÷2≒17.5次$$

【例三】的數據結果表示，期初存貨在2012年間全部售出，且食品進貨52.4次、飲料進貨17.5次。這種比率可用來和前期或其他同業相較。美國業界標準食品存貨週轉率為一年50～70次，飲料存貨週轉率則為一年15～20次，故Mindy Paradise Hotel之食品存貨週轉率與飲料存貨週轉率，皆在可接受範圍內。

另一種更精確的方法是與存貨週轉率相關的存貨週轉日數，其運算公式如下：

$$存貨週轉日數＝衡量期間天數（如一年365天）／存貨週轉率$$

故【例三】中的存貨週轉日數為：

$$食品存貨週轉日數＝365/52.4≒6.9天$$
$$飲料存貨週轉日數＝365/17.5≒20.8天$$

四、應收帳款週轉率

　　應收帳款往往是飯店業中最大的流動資產，故應收帳款品質十分重要。應收帳款週轉率即為衡量應收帳款良窳與否之指標，但一般以應收帳款平均回收日數（365天／應收帳款週轉率）來表示。平均回收日數愈長，表示帳款回收情形不佳，壞帳風險因而提高。此項比率可與流動比率或速動比率互相配合，以衡量流動資產品質之好壞。其運算公式如下：

應收帳款週轉率＝賒銷淨額／平均應收帳款

【例四】Mindy Paradise Hotel，2012年間之賒銷淨額為
　　　　945,000，期初應收帳款為60,000，期末應收帳款為
　　　　135,000，試問其應收帳款週轉率為何？

應收帳款週轉率＝賒銷淨額／平均應收帳款

＝945,000／（60,000+135,000）÷2≒9.7次

應收帳款平均回收日數＝365天／9.7次＝37.6天

　　美國業界標準為30～60天，故Mindy Paradise Hotel的應收帳款催收執行情形尚佳。

五、負債對總資產比率

　　負債對總資產比率是用來衡量企業償付長期負債的能力與風險，企業負債愈多則每年須償還的本利愈多，因而無法償付風險越高。其運算公式如下：

負債對總資產比率＝總負債／總資產

【例五】Mindy Paradise Hotel，2012年之總負債為446,500，總資產為1,063,000，試問其負債對總資產比率為何？

負債對總資產比率＝總負債／總資產

＝446,500 / 1,063,000 ≒ 42%

一般美國業界參考標準為40～60%，故Mindy Paradise Hotel的負債對總資產比率尚在標準之內。

六、獲利率

獲利率是以營業淨利除以銷售淨額，且以百分比表示。它表示每1元的淨銷售可以得到的營業淨利，是用來衡量企業之獲利能力。其運算公式如下：

獲利率＝稅後淨益／總營業收入

【例六】Mindy Paradise Hotel，2012年之總營業收入為1,635,000，其稅後淨益為135,200，試問其獲利率為何？

獲利率＝稅後淨益／總營業收入

＝135,200 / 1,635,000 ≒ 8.3%

由結果得知，對Mindy Paradise Hotel的整體營運來說，旅館在每1元銷售淨額中有8.3%的營運淨利。也可以解釋為旅館在支出所有費用及所得稅後，在每1元銷貨中約還保持有8.3分的淨利收入。在整個營運季中，這比率並不能真實的反映旅館的獲利。在銷售上有

很高的獲利率並不代表會有很高的投資報酬率。銷售頂多只是營業淨利的決定因素而已。如同其他比率一般,一個比率不能單獨作判斷,它應與管理目標及產業標準率相較。一般業界平均為5～15%,因此Mindy Paradise Hotel獲利能力尚可。

 第四節　個案與問題討論

【個案】降低信用卡收帳費的「撇步」

報告主任:「我們要舉辦謝師宴,請主任告訴我們大三的時候,我們財務管理陳老師的聯絡電話。」

陳老師真是一位認真、幽默且真材實料的老師。老師的財務管理有三大範圍:(1)如何借錢;(2)如何錢滾錢;(3)如何分析財務報表進而財務診斷。

猶記得陳老師說A、B旅館規模相同(房間數一樣)、營業額相同且服務品質一樣好,但為何A旅館比B旅館賺錢?同學七嘴八舌回答:財務長A錢、報公帳太多(主管公關費太多)、行銷費太多(廣告沒效果)等。

師曰:某日B旅館財務長聯誼會上得知A旅館的財務報表上之信用卡收帳費約300萬,而自己(B旅館)的信用卡收帳費約400萬,老師曰並不是財務長A錢,而是B旅館有很多的外國住客,其外國顧客常會使用American Express(AE卡),而AE卡公司的信用卡費用約3%,而一般的信用卡費用相對較低。此外,台灣旅館的餐飲收入高於客房收入,而餐飲收入中又以宴會(如婚宴)為主,因此如何讓舉辦婚宴的顧客願意付現金,以減少信用卡費用的支出。師曰:

如何從客房及餐飲部門來降低信用卡費用其方法？……同學又一頓混亂討論。

　　師曰：客房部分請櫃檯服務人員於住客付款時，可以很客氣的詢問信用卡費用住客是否有其他的信用卡？因爲如果顧客不使用AE卡付款，公司則可少付信用卡費用；而有關餐飲部門則可請宴會的出納或服務專員以客氣且表示關心的語氣跟收取參加婚宴祝賀禮金者表達，旅館是公共場所因此有時會有小偷或閒雜人等。因此收取的禮金要特別小心，以免有遺失等遺憾，藉此可建議或許可以以此金額付宴會的酒席錢。如此，將可降低信用卡的費用支出。

　　同學們您有想到這些「撇步」嗎？

　　師曰：瞭解財務報表後要進一步去分析如何將其問題解決，以提升旅館的盈餘，這是旅館財務管理的重點。

【問題討論】

　　1.請問財務管理的範圍包含哪些？
　　2.請問如果您是上述個案的主角，您還有其他的方法與觀點
　　　嗎？

第十章

會議管理

- 會議產業的現況與發展
- 國際會議的定義與分類
- 會議的規劃與管理
- 個案與問題討論

　　由於我國的產業結構已蛻變為以服務業為主的產業型態，政府為能在此經濟結構轉型之際能維持國家競爭優勢，因此在整體發展策略上，不斷強化知識經濟與服務業經濟，期能集中資源。因此，行政院在「挑戰2008：國家發展重點計畫」中，將「會議展覽服務業發展計畫」列入重要項目；同時，經濟部也推動「會議展覽服務業四年發展計畫」，預計將投入新台幣12億經費輔導計畫，橫向整合四個子計畫，以推動會展產業之快速發展。並且在未來持續朝建構具有國際吸引力與競爭力的會展環境、創造相關產業之附加價值、發展國際會展技術及人才培育重鎮等方向發展，以達成我國會展產業產值倍增、扶植會展業者國際化發展及塑造台灣成為國際會展重要國家的願景（台灣會議展覽資料網，2006）。

　　此外，為何將會議展覽服務業（MICE）特別強調在本書中？旅館業者投入巨大資金在軟硬體設備，目的為吸引顧客，但目前旅館業十分競爭，百家齊放，各有其不同的特色，故旅館業者無不希望顧客能多停留在飯店內享受其軟硬體，如餐飲美食、健身房設備、會議設備、體驗舒適的客房服務等，現今大部分的國內旅館餐飲很夯，從出生、結婚、慶壽等國人很多喜歡在飯店舉行，這使旅館的餐飲營利增加很多，但大部分的宴會顧客在宴會結束後離開，比較少顧客有機會享受住宿及健身房設備等；旅館內也常有團體旅客等，但大多因為行程關係，故旅客們較少有時間去享受旅館內的美食或會議設施等。

　　而在MICE產業中，團體商務獎勵旅遊最常見的如保險公司、直銷商等大型企業拿來作為慰勞優秀人才，聚才、留才的獎勵活動或國際學術會議等，故這些顧客常會利用旅館的會議室開會，由大會安排餐點且可以停留住宿，因此有機會享受健身設施等，故MICE顧客皆有機會享受旅館的餐飲、客房及周邊設施與服務。故如何增加旅館內的MICE顧客及提升其服務品質，亦為旅館業者獲利益的重要

關鍵因素。本章將介紹會議產業的現況與發展、國際會議的定義與分類、會議的規劃與管理以及個案與問題討論。

第一節 會議產業的現況與發展

　　會議展覽（MICE）產業包含：會議（Meetings）、獎勵旅遊（Incentives）、大型國際會議（Conventions）及展覽（Exhibitions）。會展產業具備多元整合之特性，且具有乘數效果，可帶動該國的相關產業及觀光業成長，龐大的經濟效益使會展產業有火車頭產業之稱。會議展覽產業具有：(1)三高：高成長潛力、高附加價值、高創新效益；(2)三大：產值大、創造就業機會大、產業關聯大；(3)三優：人力相對優勢、技術相對優勢、資產運用效率優勢。會展產業不僅結合了第二級產業的生產、加工與製造，更需要行銷、餐飲及觀光等第三級產業之配合，產業特性介於製造業與服務業之間，近來被稱為2.5產業。以下將針對會議產業之現況、起源及發展做進一步說明。

一、會議產業的現況

　　就會展業的經濟效益評估而言，據估計全世界的國際會議超過四十多萬個，經濟產值超過3,000億美元，通常在會議的經濟產值只有10%用於會議本身，其他90%都用在交通、住宿、餐飲、娛樂、購物等，因此有會展產業帶動係數達1：9的說法。為有助舉辦會展所在城市及國家之經濟發展，政府爰將會議展覽服務業列為重要新興發展服務業之一（臺北市政府觀光委員會，2005）。

　　由於我國會議展覽服務業仍屬於起步階段，缺乏相關產值及

就業人口資料，不過根據國際會議協會（International Congress & Conference Association, ICCA）最新出爐的2010年全球會議場次排名，台灣躍居第二十三名。2010年全球會議場次排名，台灣以舉辦138場會議（2009年為91場）居全世界第二十三名，較2009年的第三十二名，大幅前進九名；就亞洲而言，台灣一舉超過新加坡、泰國及馬來西亞，躍居第四名。除了國家排名進步之外，我國在城市排名方面也展露不凡光芒，台北市於2010年居世界第十一名，較2009年的第二十五名向前躍進十四名，會議數則由2009年的64場大幅成長至2010年的99場，超越北京、上海、東京、首爾、香港、吉隆坡等國際大城；此外，以往從未進入ICCA城市排名的新竹、花蓮也首次入榜。顯示出亞洲將成為全球會議旅遊熱門地區的新趨勢，亦突顯亞洲會展產業之重要性（UIA, 2011）。

根據交通部觀光局2012年《觀光統計年報》指出，台灣地區會議發展旅客主要以來台觀光為目的者最多，約占63.97%，其次為業務約占12.22%，而以參加會議為主的僅占0.86%，參加展覽0.22%，台灣地區會議產業尚在起步階段，能夠爭取到的國際會議數量有限，加上台灣地區所舉辦的國際會議大部分皆為小型會議、學術性研討會，與會者不如大型會議來得多，所以不如一般會議城市及國家之旅客到訪目的以參加會議為主。若以亞洲會展發展趨勢而言，台灣會議展覽產業有著極大的發展潛力及努力空間。

二、會議產業的起源

考古學家研究古代文明發現，自從有人類以來就有會議，而集會活動等一直是早期人類生活的一部分。當時的人們會聚在一起討論事情，例如打獵計畫、部落慶典等。每個村莊或部落都有一處共同集會的場所，當一些特定的地理區域逐漸形成商業中心後，有些

城市便成為人們交易貨物或討論公共問題的聚會地點（Montgomery and Strick, 1995）。

　　會議產業在第二次世界大戰之後逐漸蓬勃發展，追溯其起源，有外交學者將其濫觴推至古印度之聯盟外交（Allied Diplomacy），甚至西元前四世紀的波斯世界（蘇誌盟，1997）。而Shone（1998）追溯會議的演進是從羅馬時代的不列顛及愛爾蘭開始，因為大量的交易及商業需求，而形成會議室及會議地點的發展。舉例來說，在羅馬時期即有現代所謂的「論壇」，在當時，論壇是一種有組織的會議，用以討論國家的政治及國家的前途；另外，在古英格蘭時期，也有著名的亞瑟王圓桌會議，用以討論犯人的審判。

　　當時人們會對於一個議題進行討論及交流，但是某些議題會影響到其他國家，所以與會者不僅為本國人，外國與會者也會熱情參與，因此也造就了國際會議的產生（沈燕雲、呂秋霞，2001）。葉泰民（1999）指出，歐洲正式的國際會議之開端為西元1681年於義大利舉行的醫學會議；近代會議型式則是源於西元1814年至1815年6月的「維也納會議」（Congress of Vienna）。維也納會議的目的是解決外交問題，由於關係到歐洲各國間的重大利害關係，因此會議的規模可和當今的聯合國會議相比擬。

三、會議產業的發展

　　國際會議起源於歐洲，加上早期歐洲大陸的文明發展，促使很多的貿易、專業、友誼性質及宗教的組織在歐洲大陸成立，但在美洲，卻一直到西元1800年這些活動才開始在北美洲的東岸發生（Gartrell, 1988）。由於會員們對會議需求的增加，直到1896年，一群底特律的商人發現這些會議的舉辦為主辦城市增加了相當可觀的收入，因此他們很有遠見的成立了第一個現在稱為會議局的單

位，主要為吸引一些團體到底特律來開會；不久之後其他城市也陸續跟進，甚至在1914年成立了國際會議局協會，後來改名國際會議與旅遊局協會（International Association of Convention and Visitor Bureaus, IACVB）。

雖然會議產業有悠久的歷史發展過程，但卻一直到1972年，國際會議組織（Meeting Professionals International, MPI）成立後，會議籌劃才被認為是一門專業的行業。1976年9月，學術性的會議管理課程正式被美國科羅拉多州政府承認，而一直至1980年代，會議產業間的研討、學術性課程的發展及在專業認證的推展下，會議產業才開始蓬勃發展。

另外，在會議產業中，飯店的實體設備發展也占有相當重要的地位。這個觀念是一直到連鎖飯店，如假期飯店（Holiday Inn）、喜來登飯店（Sheraton）、希爾頓飯店（Hilton）等的出現，他們才瞭解會議產業對飯店銷售業績的重要性，並且開始接受團體訂房。這些連鎖飯店在1950年代除了提供場地及會議設施外，並建立了和「會議籌組人」（meeting planner）或組織的執行人員合作的觀念，且共同發展出推廣會議及展覽產業適用的會議設施（呂秋霞，2005）。

自1960年以來，所有會議活動相關的基礎設施投資開始慢慢的增加，因而帶動該產業在1990年代的快速成長。以澳洲及英國為例，澳洲從1987年到2004年間全國共投資興建了十一個大型會議及展覽中心；而英國則在1991年到2001年之間共投資興建九個會議中心。不僅歐洲、澳洲或北美洲有如此主要的投資，在最近五至十年間，亞洲、東歐（匈牙利及捷克），甚至中東、南非等國家也都有大規模的會議相關設施工程在進行（Rogers, 2003）。

現在各國之所以會積極進行這些投資，主要是會議及商務旅遊被視為高品質及高產值的旅遊事業，可替國家帶來高經濟成長利益，包括提高就業率及增加外匯收入。尤其爭取主辦一場重要的國

際會議對一個國家而言是一種榮耀，一些開發中國家更將此視爲在國際政治舞台上獲得信譽及被國際所認可接受的一種最佳途徑。這也是爲什麼一些會議中心或會議場地被塑造成一個國際會議舉辦地點的象徵或代表的原因了。

除了發展實體設備的改變之外，飯店業者亦瞭解他們需要一個專責人員，主要提供會議及展覽的服務。因此「會議服務經理」的概念便由一位叫Jim Collins所提出，他是美國芝加哥Conrad Hilton飯店的一個年輕業務員，Collins認爲，飯店需要一位負責團體會議的人代表飯店與會議籌組人或組織的執行人員配合及合作（Lofft, 1992）。1989年，一群會議服務經理們成立了他們自己的專業組織舉辦會議運作管理協會（Association for Convention Operation Management, ACOM）。同年，美國勞工局在他們的全國職業代碼目錄中加入「會議籌組人」（Meeting and convention planner or Professional Conference Organizer, PCO）的職務頭銜。

由此可見，會展專業人才之重要性，已被飯店業者所重視；亞都麗緻管理顧問公司總裁嚴長壽先生表示，「專業人才」是會展成功與否的重要關鍵。發展會展產業之前提，首先應培養高素質的服務人才。會展產業發展迄今，已經形成了專業分工之服務體系。

百變旅館

全球十大最浪漫酒店

如果你想要摒棄現代工作中的緊張煩悶，充分放鬆自我，體驗異域浪漫，感受充滿異國情調的完美服務，那麼還等什麼？趕快起程，跟隨我們一起去看看「全球十大最浪漫

酒店」。

一、「孤島幽情」——Cayo Espanto酒店

Cayo Espanto酒店靠近宏都拉斯的首都貝里斯城，坐落在一個小島上，都是獨門獨户，每名客人入住進來後都有兩位服務員專門服務，基本上看不到其他的客人，環境非常隱密。

二、「巴黎美食城」——里茲大酒店

如果你覺得抓住一個人的心，就要首先抓住他（她）的胃，那就來這裡吧！這家酒店匯聚了巴黎的一級大廚，他們烹製著巴黎最高檔的美食。

三、「法式之吻的浪漫別墅」——Gallici酒店

Gallici酒店位於法國的Aix-en省，有一個巨大的後花園，古老的柏樹遮天蔽日。這個酒店只有22個房間，每個房間都以一種顏色為主題進行設計。

四、「義大利皇宮」——Le Sirenuse酒店

Le Sirenuse酒店位於維埃拉地區，以前曾是一個皇室的夏季行宮，目前是名流和歐洲各國皇室成員匯集的地方。這裡瀕臨地中海，開車行駛於海邊大道上兜風，感覺棒得不能再棒了。

五、「水城風情」——Bauer酒店

Bauer酒店位於「水城」威尼斯，始建於1880年。在這裡住一個有陽臺的房間最好了，可以一覽星羅棋布的小島和縱橫交錯的水道。且酒店還耗資數百萬美元翻修一新。

六、「人間天堂」──Soneva Gili酒店

馬爾地夫是一個有著一千多個小島的島國，這家酒店的客房設計具有濃厚的當地風情，都是一座座帶有草屋頂的水上小閣樓，恰似星羅棋布的島嶼。

七、「億萬富翁的舊宅」──Point別墅

這裡曾是億萬富翁洛克菲勒的住宅，坐落在紐約的一個小湖上。這座別墅最多只能接納22位客人，而且最注重保護客人的隱私。

八、「時光隧道」──歐文別墅（the Innat Irving Place）

靠近紐約的Gramercy公園，只有12個客房，突出仿古的裝潢，面有溫馨的壁爐和古老的打字機，讓你彷彿回到上個世紀初。

九、「體驗殖民時代」──ElCon-vento酒店

這座位於波多黎各首府聖胡安的酒店歷史非同尋常，曾是一座修道院。你可以在此感受到西班牙殖民時代的風格，雕花的椅子、天鵝絨的坐墊和古老的立櫃。如果希望去海邊，這裡距離海灘僅有15分鐘的車程。

十、「非洲探秘」──Mala Mala酒店

這裡位於南非，都是一座座草屋頂、帶回廊的小別墅。回廊延伸到灌木叢區，站在廊道就可以飽覽對面國家公園的美景。這裡晚飯開飯的方式非常獨特，就是敲一陣南非大鼓。女王當年來非洲訪問，就是住這樣的房間。

資料來源：http://big5.chinabroadcast.cn/gate/big5/gb.chinabroadcast.cn/3321/2004/07/29/862@248304.htm

第二節　國際會議的定義與分類

本節將針對國際會議定義、發展現況與分類做進一步說明。

一、國際會議的定義

在英文常被用來代表「會議」的有：Meeting、Convention、Conference及Congress，而Seminar、Symposium則泛指一般性之研討會：

1. Meeting：從2～3人私人性質聚會到大型之會議均可稱之。
2. Convention：意指會議中將討論或制定組織相關之法律、規章。會議中有類似理事會、會員大會之民意機構，進行某種民主程序，通常此類會議背後都有一常設之秘書處或總部組織。
3. Conference：1827～1832年，歐洲各國為瞭解希臘問題而召開「倫敦會議」（Conference of London），在會中第一次使用conference，通常是指為了某一特定問題，進行的討論（蘇誌盟，1997）。
4. Congress：是組織中最高層級之會議，亦代表最高行使權力之機構在此會議中行使其民主程序之權力，通常社團組織的世界大會都被稱為World Congress。

根據張文龍（2002）指出，依據聯合國的產業分類方式，產業可以區分成為三級，敘述於下：

第一級：從自然直接生產的產品，如農、林、漁、牧業。

第二級：需將第一級產業的產品進行加工之產品，如製造業。

第三級：以上兩種產業以外的產業類項，例如服務業。

依據上述分類以及會議產業的內涵得知，會議產業應屬於第三級產業。另外，關於國際會議的定義標準有許多，包括了國際會議相關組織所給予的定義，以及各個國家會議相關組織所給予的定義標準等，以下介紹五個會議組織分別對於會議所下的定義：

(一)國際會議協會（ICCA）

國際會議協會（International Congress & Convention Association, ICCA）對於國際會議之評定標準：

1.固定性會議。

2.至少三個國家輪流舉行。

3.與會人數至少在50人以上。

(二)國際協會聯盟（UIA）

國際協會聯盟（Union of International Associations, UIA）對於國際會議之評定標準：

1.至少五個國家參加，並且輪流舉行會議。

2.與會人數在300人以上。

3.外國與會人士占全體與會人數40％以上。

4.三天以上的會期。

(三)國際會議中心組織

國際會議中心組織（International Convention Center Association）對於國際會議的定義爲：

1. 至少五個國家參加，並且在各國家輪流舉行。
2. 會期一天以上。
3. 外國與會人數占25%以上。
4. 固定性會議。
5. 與會人數至少在50人以上。

(四)日本國際觀光振興機構（JNTO）

日本國際觀光振興機構（Japan National Tourism Organization, JNTO）對於國際會議的定義如下：

1. 參加會議之國家（含地主國在內）必須在五個以上。
2. 與會人數需達300人以上。
3. 國外與會者需達50人以上。

(五)中華國際會議展覽協會

中華國際會議展覽協會（Taiwan Convention & Exhibition Association, TCEA）對於國際會議的定義如下：

1. 參加會議的國家，含地主國至少在三國以上。
2. 與會人數須達50人以上。
3. 外國與會人數需占總與會人數20%以上。
4. 定期輪流舉行。

5.會期一天以上。

6.以年會、展覽或獎勵旅遊等型式皆可。

二、國際會議發展現況

(一)國家排名

依據ICCA（國際會議協會）最新報告顯示，2010年全年符合其標準的國際會議共舉辦了9,120次，較上一年增加了826次。十年來，全球會議市場基本保持穩定增長態勢，從2000年至2010年累計增長近4,000次，增幅達759%，未來會議市場仍將長期看好。從2010年舉辦國際性大會的國家排名情況看，美國和德國分別占據排行榜的第一和第二的位置，西班牙、英國、法國、義大利等國緊隨其後，中國自2009年首次進入前十名後，2010年再次上升一位至第八名（**表10-1**）（上海情報服務平台，2012）。

(二)城市排名

而以城市排名來看，維也納已連續五年成為最受歡迎的國際會議舉辦地。隨後第二名至第五名為巴塞隆納、巴黎、柏林、新加坡等（**表10-2**）。根據國際協會聯盟（UIA）報告數據顯示，2010年排名前十名國家和城市舉辦會議數占全球會議總數的比值重達到了51.9%和26.5%。會議主辦地方往往需要考慮與會者參加會議的時間和交通成本，因此就近是選擇舉辦地的原則之一。維也納、巴塞隆納、巴黎等歐洲城市是眾多國際協會和跨國企業總部的所在地，會議產業歷史悠久，配套完善，仍是目前最受歡迎的國際會議舉辦地；而新加坡、北京等新興國際會議中心城市，得益於政府的大力

扶持和快速崛起的氛圍，近年來的發展趨勢亦不容忽視（上海情報
服務平台，2012）。

表10-1　2010年全球舉辦國際會議數量國家排名前10名

排名	國家	國際會議數量（2010年）
1	美國	623
2	德國	542
3	西班牙	451
4	英國	399
5	法國	371
6	義大利	341
7	日本	305
8	中國	282
9	巴西	275
10	瑞士	244

資料來源：國際會議協會（ICCA），http://www.meettaiwan.com。

表10-2　2010年全球舉辦國際會議數量城市排名前10名

排名	城市	國際會議數量（2010年）
1	維也納	154
2	巴塞隆納	148
3	巴黎	147
4	柏林	138
5	新加坡	136
6	馬德里	114
7	伊斯坦布爾	109
8	里斯本	106
9	阿姆斯特丹	104
10	雪梨	102

資料來源：國際會議協會（ICCA），http://www.meettaiwan.com。

從**表10-2**所列城市排名可以看出，會展產業雖仍以歐美地區為主
要市場，但近年來亞洲地區已然蔚為新興市場，其占有率逐年躍增，

深受國際會議協會之重視，如：新加坡、香港、首爾等亞太地區。目前，我國政府相關會展政策之主軸，其既定目標定位在「挑戰2008：國家發展重點計畫」之觀光客倍增計畫，及「會議展覽服務業發展四年計畫」，前者目的在於吸引外來觀光客，後者則期望能營造優良之會展環境，以吸引國際會展業者來台辦理活動，提升及擴大我國國際舞台空間，這顯示台灣在會展產業領域，還有發展空間。

　　以下將簡介新加坡、泰國及台灣地區發展的現況（台灣會議展覽資訊網，2006）。

◆新加坡發展現況

　　新加坡所舉辦的展覽規模在國際排名上並不突出，不論是在平均展覽面積、平均參展商數目、平均參觀人數等展覽規模指標，新加坡的排名均在德國、美國、中國大陸及香港之後，不過如果從「外國參展商占所有參展商的比率圖」（**圖10-1**），以及「外國參

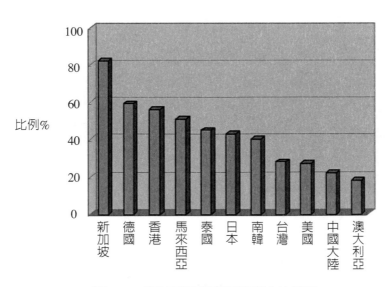

圖10-1　新加坡外國參展商所占比例圖

資料來源：台灣會議展覽資訊網（2006）。

觀人數占總參觀人數的比率圖」（**圖10-2**）來看，新加坡卻超越了其他國家，有高達80%的參展者是外國廠商，以及有超過32%的參觀者是外國人，顯示新加坡所舉辦的展覽的國際化程度非常高。

　　根據南洋工業大學的研究結果顯示，新加坡會議與展覽平均每年帶動了827.6百萬新幣的營收，包括第一層核心產業的營收達456百萬新幣，這些核心產業如會展策劃單位、裝潢承包商、展覽場營運者、貨運業者等，以及帶動第二層周邊產業的營收達371.6百萬新幣，如航空機票、酒店旅館、當地採購、餐飲、運輸、休閒育樂、觀光等，共計產生了10.6億新幣的附加價值，占GDP的0.7%，關係到14,760個工作機會，同時扮演許多重要產業部門的行銷支柱。換言之，新加坡會展活動的發展不僅帶動觀光休閒、運輸、餐飲等相關產業的發展，同時也協助其他產業行銷，對新加坡的經濟貢獻十分重要。

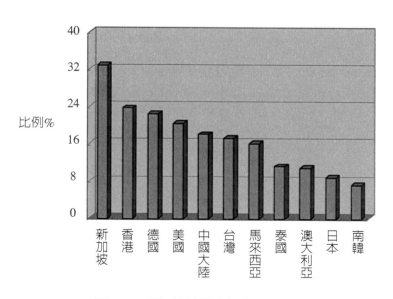

圖10-2　新加坡外國參觀者所占比例圖

資料來源：台灣會議展覽資訊網（2006）。

◆泰國發展現況

　　為了推廣會議展覽產業，泰國國會在2002年通過法案，成立「泰國會議展覽局」（Thailand Convention and Exhibition Bureau, TCEB）並在9月由皇室頒布，2004年8月開始運作，全力推動MICE產業。

　　在政府的帶頭推動下，MICE產業成長迅速，根據TCEB公布的報告，從2002年以來，MICE產業收入不斷增加，從2002年的325億泰銖到2004年的331億泰銖，成長了15%，參展人數也從2002年的41萬人次，成長到2004年的44萬人次。

　　其中單是在展覽一項，收益就從2002年的69億泰銖，一路成長到2004年的100億泰銖，去年的收益更高達120億泰銖，成長率高達61%，說明了泰國MICE產業的迅速發展（吳協昌，2006）。

◆台灣地區會議發展現況

　　依旅客訪台目的，據2012年觀光統計年報指出，旅客來台主要目的最多者為觀光，約占63.97%，其次為業務約占12.22%，而以參加會議為主的僅占0.86%，展覽0.22%，台灣地區會議展覽產業尚在起步階段，能夠爭取到的國際會議數量有限，加上台灣地區所舉辦的國際會議大部分皆為小型會議、學術性研討會，與會者不如大型會議來得多，所以不如一般會議城市及國家之旅客到訪目的以參加會議為主，如**圖10-3**所示。

　　綜合上述新加坡、泰國以及台灣會議發展現況，近年來大幅提升，而國際會議及展覽的發展，是推動國家邁入全球化之重要產業，有鑑於我國會展產業逐漸發展成形，若能有效提升我國舉辦國際會議的能力與服務，將有助於台灣的經濟收入且提升國際知名度。

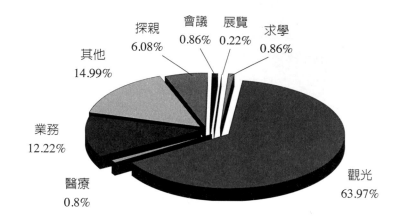

圖10-3　2012年來台旅客目的統計圖

資料來源：交通部觀光局網站（2012）。

三、國際會議的分類

在討論過國際會議的發展現況後，在此針對國際會議的分類作進一步的闡述。依據ICCA定義國際會議的分類標準有以下三個：

1. 與會人數的多寡。
2. 與會者的身分職業。
3. 會議目的或者更多的標準。

若是以主辦者身分來區分國際會議，則可分爲企業會議及非企業會議。企業會議包括內部會議、外部會議，以及內外部聯合會議等三項；非企業會議則包括了國際政府組織會議，以及國際非政府組織會議，其中國際非政府組織會議則又細分爲學術性質會議（scientific meeting）、行業性質會議（trade meeting）及聯誼性質會議（family meeting），如**圖10-4**。

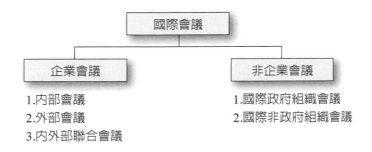

圖10-4　國際會議分類圖

資料來源：國際會議中心組織（2005）。

　　由於會議的分類非常多樣，且關於會議名稱，也會隨著會議形式而有所不同，會議種類有：Assembly（大會）、Colloquium（會議）、Conference（會議）、Congress（會議）、Convention（會議）以及Meeting（集會）等六種；研討會則有：Clinic（臨床教學）、Forum（討論會）、Institute（講習會）、Lecture（演講）、Panel Discussion（座談）、Retreat（靜修）、Seminar（進修會）、Symposium（專題研討會）以及Workshop（講習會）等九種，分別將其說明於**表10-3**。

表10-3　會議與研討會種類

項目	種類	說明
會議	Assembly（大會）	一個協會、俱樂部、組織或公司的正式全體集會。參加者可由會員代表出席，會議的目的可能為立法的方向、政策的重大議題、選舉內部委員、決定財政預算等等。因此，大會通常是在固定時間、地點定期舉行，並遵循固定的規則、規章、程序進行，且都有詳細的明文規定。
	Colloquium（會議）	一種非正式、不定期會議，通常是學術研究方面的座談會。

（續）表10-3　會議與研討會種類

項目	種類	說明
會議	Conference（會議）	任何組織之公、私團體、公司、協會、科學或文化團體，希望針對一個特殊議題而互相交換意見、傳遞訊息、公開辯論的機會。且此種會議形式並沒有特殊的時間或傳統上的限制。多數的conference是以「學習」為目的，通常包括告知或傳達某些特別研究之發現並希望與會者有主動的貢獻。
	Congress（會議）	在某種專業、文化、宗教或其他領域方面之大型團體所舉辦的定期聚會，與會者有數百人，甚至千人，且係由各團體派正式代表與會。參加者均為有興趣且主動參加者，參加此種conference要註冊、付費，一般而言皆有特定的會議主題。此種會議形式會持續進行幾天，且會有同步進行的不同會議。每次會議召開的間隔時間會依據議題推展的進度而定，因此有可能一年數次，或一年一次。大部分的國際會議或世界級的會議皆有固定的形式及頻率。
	Convention（會議）	同一公司、社團、財團、政商等立法、社會、經濟團體為其本身組織之特定目的，為了提供某些特別情況之資訊及商討政策，使與會者同意並建立共識而對其成員召開之會議。參加者均依指示參加，舉行之時間沒有固定。通常包括全體代表大會（general session），及附帶的小型分組會議，有時還有展覽（exhibition）。在美國，convention通常指工商界之大型全國會議，甚至是國際集會，包括研討會、商業展覽，或二者兼具。
	Meeting（集會）	凡一群人在特定時間、地點聚集研商或進行某特定活動稱之。meeting為含意最廣泛之各種會議之總稱，其中包含assembly、conference、congress、convention、colloquium，也包括forum、seminar、symposium及special event等。
研討會	Clinic（臨床教學）	指針對某一特定主題，對小團體加以訓練及指導的訓練活動。參加者從「做中學」，是一個具有教育性意義的經驗。
	Forum（討論會）	指一項集會（meeting），或該集會另外為了對共同有興趣之某一或某些主題舉辦進行公開討論的討論會。與會者之身分需要先被認可。forum的過程一般是由主持人（moderator）主持，先請各分組人員或委員對與會者發表不同、甚至相反的意見與想法，再進行反覆的討論，最後由主持人做結論。

（續）表10-3　會議與研討會種類

項目	種類	說明
研討會	Institute （講習會）	institute是一個具深度教育性的會議，在特殊的主題上提供密集的教育。
	Lecture （演講）	一種以教育性為目的演說，通常僅由一位專家來簡報，且報告後不一定接受觀眾的發問。
	Panel Discussion （座談）	由一位主持人（moderator）主持，邀集一小群專家為座談小組成員（panelist），針對專門課題提出其觀點再進行座談。有時僅限小組自行討論，有時也開放和與會者相互討論。
	Retreat （靜修）	通常是一小團體到一偏遠之處所，為增加感情密集訓練，或僅僅只是離開世俗一陣子。
	Seminar （進修會）	指一群（10～50位）具不同技術但有共同特定興趣的專家，藉由一次或一系列的集會，來達成訓練或學習的目的之進修會。seminar的目的是要使參加者能達到豐富其技術之目的。其過程會由一位討論負責人來主持以演講或對談形式的會議，帶領大家針對一個特定的議題領域，希望藉由較多的參與研討，以分享經驗與知識。有興趣參加者要主動註冊，有時還要付費。seminar的時間為一至六天不等。另外，大學或特殊訓練機構為了針對某一特定主題舉行的定期討論，及為研究而辦理的小班（約5～10人）課程，也稱為seminar。
	Symposium （專題研討會）	由某一領域內的某些專家集會，並就某一特定主題請專家發表論文，並透過書面形式發表及專家們間的互相討論以達成一個決議。symposium與forum類似，參與人數較多，與會時間約在二至三天左右，進行方式較為正式，且較少如forum有妥協的性質。
	Workshop （講習會）	workshop為由幾個人進行密集討論的集會。其緣起係為整合某一特定主題或訓練的分歧意見而進行集會，目的在使研究人員之發現能藉由充分討論來使之發揮最大而有效的應用。目前在congress或conference中，由與會者自選主題或由主辦單位建議針對某一特定問題，進行非正式及公開、自由的討論亦稱之。

資料來源：沈燕雲、呂秋霞（2001）。

Mindyの學術國際研討會

　　每年都很期盼參加暑假的學術國際研討會，因為藉此一方面可以將今年努力的研究雛型跟休閒觀光餐旅等相關領域的專家學者們分享，進而希望獲得一些回饋與意見，最後整理成國際期刊發表；另一個附加價值就是有機會體驗不同國家的民俗風情與文化，且住在燈光美氣氛佳不用自己打掃整理的舒適飯店！

　　今年去泰國曼谷參加APTA（Asia Pacific Tourism Association）的研討會，以下是我此次下榻飯店的情形與心得，我一進入飯店大廳的第一個印象就是「Wow！Cool！」，大廳挑高感覺氣勢宏偉，不覺中心胸似乎也變寬大了，且動線規劃很棒，因為辦完check in取得房卡鑰匙後，就可以快速進入電梯，順利的到達我的客房，這一切都很美好（比較三年前我去威尼斯參加國際研討會下榻的飯店一樣，旅館很大且大廳很漂亮，但我從check in完後，拉著行李，好像走迷宮似找了約30分鐘才找到電梯，這次感覺好多了）。但一進房間後感覺怪怪的，一種說不出來的奇怪味道，而且冷氣似乎也不是很理想，因為外面很熱但屋內也是很熱，很奇怪呢！最恐怖的事，到了晚上，我想利用到異地孤單且安靜的氛圍，寫寫我的心情日記，怪了！我怎麼老是聽到「嘟嘟」或「扣扣」的聲音，原來是行李人員拖運客人行李的聲音，我想等行李放置完畢後應該就沒事了，沒想到卻又傳來隔壁房的吵雜聲，努力仔細一聽卻聽不懂講些什麼？原來是隔壁的電視機播放泰語節目的聲音，啊，就這樣聽著異國的語言聲陪伴我寫我的心情日記，只能說

這客房隔音設備還真差了！真不知道半夜會聽到什麼聲音呢？

　　我習慣早起運動，故即使是在國外，時間一到，生理時鐘關係，我自動wake up，跳下床，衝去洗手間沖個臉，換上運動服就往健身房衝，GYM對我而言很重要，我在昨天晚上已經注意到健身房的位置，故很快就找到GYM，但出乎意料，怎麼會沒有開呢？於是我快速下一樓的大廳詢問為何健身房是關閉呢？櫃檯人員說，健身房開放時間是早上七點至晚上七點。現在是6:20，言下之意我還要等40分，所以只好返回房間，有一點小失望，但也怪我自己沒有看客房內的飯店服務指南（service direction），上面有記載健身房開放時間，不過我還是覺得健身房最好是24小時開放，不然也要五點就開放，這樣房客運動時間就更具有彈性，此外，最好運動設施也要多樣化，因為我剛才看到GYM內的設施，我想不去也就算了，比我們系上的運動設備還差呢！只好在房間內做個簡單的拉筋動作，但我想這樣好像沒運動到，靈機一動，想說不然在浴室內泡熱水，流流汗也可以算是運動呢！但哪知道我在浴缸內放了約30分鐘的熱水浴缸才約滿一半，我想可能是水壓或者水龍頭有問題，所以只好放棄，不過心想怎麼會這樣呢？這是五星級飯店！

　　心想既然如此，我就早一點去buffet餐廳慢慢享受美食，平衡一下心情，服務人員帶我入位，一到餐廳氣氛不錯喔，因為我來的還早所以人也不多，整個餐廳感覺充滿東南亞風情，搭配著熱情、浪漫而帶點悠閒感的音樂，且菜色也很多樣。這時我想起學生時代餐飲會計老師上課時教授我們在五星級餐廳享用buffet時，不要一下子就馬上挾菜，最好要先順著餐廳的餐點動線觀察所有菜色後，再決定要吃哪些菜，因此，我遵照老師的教導，先巡視後再決定我要享用哪些美食，但就在我要享用的同時，突然間餐廳進入一大批講著我聽得懂的中文但卻是北

京音的大陸同胞。如此，我剛才的用餐安排順序似乎已經行不通，所以我就趕快去麵包區，取用兩三個bun，再至飲料區拿一杯咖啡，最後至水果區拿一盤水果，因為我想若晚一點有可能要排隊或者水果會缺貨呢！wow，今天早上吃得很健康呢！

　　回房後，刷牙、簡單補個妝，讓自己看起來精神好一點，拿著大會給的資料精神奕奕的往研討會會議室走，今天的大會安排的keynote speech講的主題，我個人覺得對觀光餐旅休閒產業而言是一個很棒的主題，因為具創意與前瞻性，不過，就在所有auditors聽得津津入味時，突然間螢幕怪怪的，大會人員馬上跟飯店服務人員反應此情形，但一直到整個演講結束，那螢幕還是一樣具有矇矓美並無改善。我想怎麼會這樣呢？

　　我覺得這家飯店對於飯店的門面比較重視，如大廳很得體漂亮，但對於內部設備的維修與更新真的需要加強，如房間內的空調設備、隔音設備、浴室內的水壓或者水龍頭等設備的維修等；此外，這家旅館為city hotel，故商務客人也比較多，因此，會議中心的會議設備應該要完備且要更新設備；健身房對商務人員應該也很重要，故其開放時間最好要更早一點以方便旅客，且GYM的設備應該要更多樣化。此外，有關餐廳用餐時間最好將團體客與一般客人做區隔，用的食物一樣但用餐地點最好因不同屬性給予最佳的用餐空間。總之，這家旅館的內部管理真的有很大的改善空間！現在我只能期待晚上的泰式按摩呢！

第三節　會議的規劃與管理

會議的規劃可分爲會議前的規劃、會議中的作業安排及會議後的檢討與評估三個階段，分別說明如下（沈燕雲、呂秋霞，2001）：

一、會議前的規劃

(一)場地的選擇

會議的成敗、場地的選擇相當重要，應如何選擇適當的會議場地，以下五個基本步驟都需考慮進去：

1.確定會議目的。
2.確定會議形態。
3.決定實質上的需求。
4.考慮與會者的期望。
5.選擇何種會議地點與設備。

(二)宣傳與推廣

要採用哪一種行銷方式是很重要的，如果你傳遞的訊息不夠清楚，會浪費時間和金錢。首先要確定如何宣傳與推廣，因爲有效的運用行銷技巧，不一定花大錢，但仍然會達到良好的效果，其方法如下：

1.將行銷範圍設在過去參加者、會訊訂戶和會員。

2.將焦點放在某些與會者，或直接以電話作調查。

3.寄發大會宣傳小冊，其封面可引起注意和興趣，節目的主題和演講人的知名度、講題等亦可引起參加者的興趣。

(三)展覽的安排

會議同時舉辦展覽的目的，除了增加收入之外，也是加強會議節目內容，吸引人潮的一個方法。展覽是在現場展示某種與會者有興趣的儀器、設備和商品，這也是將會議中理論的討論實際運用於實物上。就參展廠商而言，可藉由展覽直接介紹自己的產品給特定對象，提供給會議實質上的服務。

(四)視聽設備的安排

各種類型的會議都需使用到視聽設備，尤其是國際會議，在視聽設備方面的要求更是要嚴謹，不管是音響、麥克風、放映機、螢幕等等，都要有一定的品質。因此，更需要專業人士的協助規劃。除了一般視聽設備外，國際會議通常還會使用一些特殊器材。此外，會議室本身與座位安排都會對視聽設備的安排產生影響。

(五)印刷設計與製作

舉行會議必須要印刷一些宣傳品及會議資料，用來告知會議的訊息，以及會議期間提供與會者開會所需的相關資料之用，甚至也可以在會後留存建檔參考使用。

(六)人力的規劃

　　不管會前的籌備工作準備得多麼完善，會議籌組人員或會議主辦單位都需要好好訓練一批接待及工作人員，與會期間在會場將會前所規劃及準備的各項安排一一呈現給與會人員。也就是說，如果選取的服務人員有得到正確良好的訓練，服務人員在會場便能有好的表現，那會議也才能得到與會者的讚賞，所以絕對不要輕忽這項工作。

二、會議中的作業安排

　　會議安排的每一個步驟都非常重要，但是一個會議成功與否還是取決於如何執行，讓每一位工作人員都詳細瞭解他們的工作內容與責任。因為會議籌組人是整個會議的靈魂人物，如何指派工作將是很重要的課題，如果指示不夠完整、不清楚或交辦得太晚都會成為會議安排的夢魘。

(一)會前協調的安排

　　會前協調變得極為重要，其內容包括與場地、視聽、餐飲、會場布置、展覽、花藝、交通、住宿與旅遊等相關人員協調，以利會議順利進行。會場辦公室、報到處、服務處、會議室標示、交通車窗口和車站處放置標誌、大會詢問處、會場入口處、標誌規格等需在會前協調的會議中確定。

(二)秘書處設立與大會資料運送

　　會議主辦單位在籌備會議期間會設立一個秘書處來統籌處理所

有相關事宜，作為對外聯絡的單一窗口。會議期間就要將這個秘書處的相關資料運送至會場，通常應在會場租一個辦公室或會議室當作秘書處使用，作為會議期間的聯絡處及辦公室。

(三)報到的程序與現場的溝通

報到就像在飯店的前檯辦理住宿，大部分參加開會的人都不喜歡站在那裡等報到，然而報到就像是會議的門面，應如何有效且迅速完成報到程序，避免因為等候使與會者感到不悅、不耐煩而影響其與會的情緒。因此，報到的接待人員應做到迅速、確實提供與會者該瞭解的資訊，以有助於與會者參於會議過程的順利與流暢。

三、會議後的檢討與評估

會議結束後其善後工作中對此項活動的檢討與評估是很重要的，如此方能明瞭與會者對於會議各方面安排有些什麼看法，主辦單位也可就此作一些調整，作為下一屆會議參考之用。

(一)會議評估目標

會議的評估目標可針對下列幾點：

1. 對於節目內容的評估，包括主題、內容、演講人，並試探對未來節目內容的期望。
2. 評估其他相關活動，包括餘興節目、社交活動，要獲得與會者和受邀客人雙方的反應。
3. 評估場地、設備和當地相關服務。
4. 與會者出席資料。

(二)評估會議各項安排

　　大會相關執行人員及會議籌組人團隊針對會議的各項安排，例如：場地、宣傳、印刷、展覽、旅遊等，自我評估檢討是否安排合宜，及各項服務有無缺失，應如何改進。

(三)觀察員

　　在研討會時指派觀察員去瞭解，觀察員多半找對節目有經驗者或者是現任或前任委員，或者是主辦單位的主要人員。觀察員要保持良好判斷力、客觀性和願意公平提出優缺點。好的觀察員能正確代表與會者的反應，指派沒有經驗的觀察員去評估可以看出他的能力，對他來說也是一個機會去練習其評估技巧，而且也可以向有經驗的人學習。

(四)結帳

　　舉辦一場國際會議的最後一個階段就是結帳，會議雖然圓滿結束，但是還有善後的工作要處理，尤其是大部分的應付帳款在此時都要一一付清，還有政府相關單位補助款報帳核銷及最後結算本次會議所有收入及支出，作出報表於結案會議時向籌備委員報告，會議才算正式結束。

第四節　個案與問題討論

【個案】失望顧客的抱怨信

客服部經理：

　　您好！敝公司於6月22及23日於貴公司舉辦兩天一夜的會議活動，當初在議價時貴公司的報價比起其他場地高出許多，但我們仍決定在貴飯店舉辦活動，期望能享有五星級的服務，但兩天的活動下來，讓同為服務業的我們頗為失望，更讓身為主辦的我不敢再選擇貴飯店舉辦下一次的活動。

　　在本次活動中讓我們不解與不滿的地方有：

1. 電話服務效率極差，在接洽本活動時訂房組分機經常占線，通常需重複撥5分鐘以上才有人回應，且還不一定會找到要找的人。

2. 工作人員工作的準確度及效率差：老是結錯帳，若非顧客自己小心，恐怕要多付許多冤枉錢。

3. 對顧客不信任，有被當成小偷的感覺，由以下幾件事情可以看出：

    (1) 自行帶酒付開瓶費理所當然，但十幾桌客人共用一個開瓶器，每開一次酒要請服務生來一趟，還要等上3～5分鐘，難道貴公司的費用控制得如此嚴格，連開瓶器都捨不得買，還是怕顧客順手牽羊呢？

    (2) 在沙灘上想要使用任何設施均需千里迢迢跑回親子池去付

費開單，可是當我們興致勃勃的從海灘跑去借排球時，卻被告知還要帶證件，有誰會想到借顆球還要人格保證呢？且在大太陽底下要顧客再來回跑一趟，還會有玩的興致嗎？

(3)在第一天的會議結束時，有一支我們沒有用過的無線麥克風掉落桌底找不到，因為想早點回去安排活動事宜，告訴服務員我們明天仍會在同一地點開會，若有問題到時候再說，該員卻堅持要我等他找人核對，且說曾經有麥克風被客人帶走，結果當時飯店員工不僅賠錢而且被開除，有那麼嚴重嗎？因為小小的麥克風竟然要開除員工？

4.當初已訂好6月23日半天會議午餐用Buffet，但當日上午工作人員告知，因為客數關係希望改採半自助式，最後因我們堅持要以Buffet方式，因未事先告知我們、最後飯店才說若我們堅持仍可使用Buffet。換言之，若我們不堅持，將會被犧牲權益來顧全貴公司的利潤。

5.當到了用餐場地，偌大的場地只有一桌客人，我們16個人與該桌客人均被安排於一個靠近撤餐區的小空間中，每次有人起身拿菜，一排人都需起立致敬，明眼人一看就知道是服務人員怕麻煩，乾脆把客人集中管理，好方便收盤子。

一個失望的顧客

【問題討論】

1.請問上述個案中，您覺得該飯店犯了哪些錯？

2.如果您是該飯店的管理者，會如何來改善及提升其服務品質？

第十一章

民宿的經營概念

- 民宿的起源與意義
- 台灣民宿的發展與現況
- 民宿設置考慮因素及成功條件
- 個案與問題討論

　　由於國人的休閒型態改變與週休二日等因素，促使民宿產業目前在台灣很熱門。相信每個想要經營民宿的業者，心中都有一個夢：或許是希望創造一個很有農村風味的小農場，擁有園圃及各種家禽家畜，自給自足，讓客人享受一個真正的農家生活；或許想創造一個很生態的民宿，它很自然、有大樹、草叢與水池等，常有野鳥及昆蟲光臨，讓客人愛上這裡的大自然；也或許想要跟上最流行的歐風，讓客人坐在灑滿陽光的落葉樹下的咖啡座，在綠草如茵、繁花似錦的環境中，享受最浪漫的鄉村風情；也或許是一個很悠閒的住宿環境——只要一棵老榕樹、幾張竹躺椅、一個釣魚池，就能讓客人得到最大的放鬆。

　　除此之外，從另一方面來說，民宿主人具獨特的興趣與研究精神，更可以結合來發展各種主題的民宿，如種植各種家常藥用、香花植物，則可成為以養生為主題的民宿，若喜歡種植特殊瓜果，則可成為瓜果之家，或你喜歡種滿各種類的竹子，則可能稱為竹之庭。

　　筆者有機會參與商業總會舉辦國內民宿的服務品質評鑑，經由民宿業者的討論與分享，故對民宿業的經營與管理有更多的瞭解與好奇。因此，希望透過本章節民宿的起源與意義、台灣民宿的發展與現況、民宿設置考慮因素及成功條件與最後的個案與問題討論，

以菜圃代替花圃

採用自然通風、節能省源的綠建築設計

原住民風味的建築

走歐風的建築物

有助於對民宿經營更進一步的瞭解。

 # 第一節　民宿的起源與意義

　　本節將針對國外的民宿起源及民宿的意義作說明如後：

一、民宿的起源

　　民宿的起源，最早應為18世紀時，部分歐洲貴族流行到農村休閒渡假，但當時農村休閒尚未全民化，僅限於高官或貴族，高官借用農家房舍避暑，形成早期民宿。後來由於社會結構與經濟的改變，觀光旅遊逐漸平價化，興起的綠色旅遊的休閒風潮，一般民眾才開始走向田園鄉野、體驗農村生活。

　　民宿在國外普遍以Home Stay或B&B（Bed和Breakfast）或Inn稱之。目前民宿產業與一般旅館最大的不同特點，除了提供基本的住宿與餐飲外，主要是民宿主人的用心讓住宿者有著滿滿的愛心與家的感覺（黃穎捷，2007）。根據鍾美玲（2003）指出，各國民宿的

概況如下：

　　民宿的發展在先進國家已有一段相當長的時間，各國的發展也
會因區域、資源、文化、地形等而不盡相同。以下則是國外歐美等
地民宿發展情形概況：

(一)英國

　　英國的民宿比較類似家庭接待，稱之為B&B（Bed & Breakfast）。
擁有極佳的隱私權，收費也比一般旅館便宜。發展因素有兩個：

1. 政府政策：1968年時Countryside Act特別強調地主有義務維持
   英國農業歷史的遺產。因此，英國保留了許多觀光遊憩的步
   道系統。
2. 民間因素：民宿所出租的房間，多是屋主的孩子因外出工作
   或唸書所空出的房間，也就成為民宿在英國風行的要素之
   一。

　　目前英國還提供新的服務方式——B&B，讓遊客可以悠閒享用
豐盛的英式早餐，並體驗最貼近英國的旅行方式。

(二)法國

　　法國政府為了保存古蹟及農家生活文化。因此鼓勵民宿保有
古農莊的型態，例如石造建材或建築樣式獨立而簡單的農家，提供
簡單的住宿及餐飲，遊客可享受到法式農村的氣氛而不受打擾。另
外，對民宿經營者，政府提供多樣的資金補助，但資金補助對象僅
限於加入政府公認的民宿相關聯盟（協會）之會員。

(三)德國

早期主要地點爲阿爾卑斯山附近的民宅，常由於天候因素，成爲登山客的最佳避難所；再者因德國氣候清爽，適合觀光旅遊，因此吸引大批觀光客前來，故造成旅館不敷使用，遊客便投宿附近的民宅。後來因農民爲增加經濟收入，於是改變經營方式，以提升其附加價值，如增加住宿及餐飲服務，在整體規劃上緊密地與農業結合，提供給非商業性質的旅客相關服務與設施。

(四)美國

美國因各州環境不同，故各州民宿相關法規亦有差異。而以北加利福尼亞州鄉村宅院及農舍改建民宿最著稱。其房間數約在4間以下，內部裝潢精緻華麗，有電視、公用電話及一個共用餐廳。此種型態與英國的B&B有些許的差距。北加州的民宿通常由屋主自己經營，所以屋主通常非常好客。同時，在當地設立的旅遊中心不但可提供民宿資料，更可接受預定房間之服務。

(五)日本

日本民宿通常是家族經營，工作人員不超過5人，客房10間，容納25人左右，爲價位不貴之住宿設施。依日本民宿組合中央會之正會員資格條件來看，所謂民宿是指在海濱、山村或觀光地，可供不特定或多數旅行者住宿之設施，且領有執照，提供當地特產自製料理，有家庭氣氛，勞動力以家族爲主，遊客需自我服務爲主。

二、民宿的意義與特質

在歐洲，民宿稱作Pension，源自於法語，意為「提供膳宿的民家」，也將其意譯為「歐風民宿」，然而也有稱為B&B，也就是Bed & Breakfast。B&B在國外也有分B&B Inns與B&B Homes，前者算是比較高級專業型的，後者則是一般家庭出租空房間。

依據台灣「民宿管理辦法」第三條，所謂「民宿」係指利用自用住宅空閒房間，並結合當地人文、自然景觀、生態、環境資源及農林漁牧生產活動，以家庭副業方式經營，來提供旅客鄉野生活之住宿處所。民宿之經營規模，以客房數5間以下，且客房總樓地板面積150平方公尺以下為原則。但位於原住民保留地、經農業主管機關核發經營許可登記證之休閒農場、經農業主管機關劃定之休閒農業區、觀光地區、偏遠地區及離島地區之特色民宿，得以客房數15間以下，且客房總樓地板面積200平方公尺以下之規模經營。

此外，根據簡玲玲（2005）指出，民宿的特質如下：

1.利用住家多餘房間。
2.副業經營。
3.提供很少的住宿客量。
4.經營者親自接待，並與旅客認識交流。
5.參與社區活動，發展社區活力，協助改善社區環境。
6.結合當地人文、自然景觀、生態、環境資源及體驗農林漁牧
　生產、生活及生態活動。

民宿的發展，在歐洲地區以英、德發展較為完善，亞洲以日本發展最早。台灣民宿的發展起初是從熱門旅遊區域開始，但因為經

百變旅館

吸血鬼旅館（Hotel Castel Dracula）

　　出外旅遊，除了感受迷人的風光和歷史文化沉澱外，一個有趣、舒適的住處也很重要。「另類」旅館，可以讓你好好體驗一番。

　　Hotel Castel Dracula以吸血鬼為主題的旅館，創立於1983年，坐落於羅馬尼亞，Piatra Fantanele, Bistrita Nasaud在海拔1,100公尺的卡巴希恩山脈，建築很有神秘氣氛。這座高大的建築仿照哥德式風格建造，設有一個中庭和一個小舞廳。1985年，由於當時的元首Nicolae Ceausescu常被影射為殘害百姓的吸血鬼，旅館為避免招惹麻煩，暫停使用吸血鬼的概念，把旅館內所有和吸血鬼有關的擺設品和設計收起來。這個獨裁者倒臺後，吸血鬼才又回到旅館上班，並且非常賣力地在每個客人到訪時，從棺材跳出來給大家一個意外的歡迎。前往吸血鬼旅館最好的方式，是乘坐開篷馬車穿越神秘陰森的森林，這樣的過程會讓你更加期待和吸血鬼的約會。

　　旅館位於來羅馬尼亞的Tihuta區，是愛山者的天堂，不論是冬天或夏天，皆很適合住客造訪，該飯店提供62間雙人房間，房內提供電視、衛浴等設施，滿足顧客的需求，尤其是冬天該飯店的住房率幾乎全滿，因為它是喜歡冬天運動者（如滑雪等）的好去處。

資料來源：http://life.women.sohu.com/20050525/n225697035.shtml

濟成長後國民對休閒旅遊活動熱衷度開始提升，旅遊區域內的旅館無法容納大量的旅客，於是附近住家掛起了民宿的招牌，或直接到飯店門口、車站等地招攬遊客，起初只提供住宿空間，沒有導覽或餐飲服務。後來因民宿主人多半是在地人，常藉此進而推動當地的觀光旅遊產業。而民宿業也因平民化、平價化、親民化等因素，而廣受遊客之喜好。另外則是尚未開發的遊憩區卻已出現住宿的需求，這也是讓民宿興起的原因之一。

 ## 第二節　台灣民宿的發展與現況

近年來，台灣由於交通便利、國民閒暇時間增加、休閒意識的提升，加上定點休憩風氣漸盛，於是到鄉野體驗田園生活樂趣的人口隨之增加，民宿遂成為遊客的另一個重要的選擇。根據交通部2012年的資料顯示，國人之國內旅遊次數高達14,207萬旅次以上。而利用週末、星期假日從事國內旅遊者占71.2%，其中住宿民宿者占6%較2005年占4%有增加趨勢。此外，交通部觀光局統計，2008年10月台灣地區的合法民宿家數為2,601家，截至2013年10月台灣地區的民宿家數已增加為4,215家，五年內成長了約62%，顯示整個民宿產業在休閒旅遊風氣正蓬勃發展。以下將針對台灣民宿發展與現況及設置地區、民宿的類型做介紹：

一、台灣民宿的發展與現況

台灣民宿具體的發展是近二十年的事，國內大規模的民宿約可追溯至民國70年左右，主要是由墾丁國家公園開始（鄭詩華，1998），繼之為阿里山的豐山、南投縣的鹿谷鄉、溪頭的森林遊樂

區、台北縣瑞芳鎮的九份、外島的澎湖等著名景點地區，由於當地
每逢假日旅客即絡繹不絕，且其區域之內飯店旅館無法滿足及容納
短時間內大量湧入的旅客住宿需求服務，而地方為了解決遊客之住
宿問題，乃將家中多餘房間略加整修後提供給遊客住宿，遂逐漸衍
生出民宿型態的住宿模式。

此外，民國80年代起，農委會開始積極輔導與推動休閒農業計
畫，以及結合當時台灣省山胞行政局實施部落產業發展計畫，進行
輔導原住民部落設置民宿；從此農村或山地間，就陸續出現民宿的雛
形。只是當時的民宿發展型態僅供最基本的住宿空間而已，現今台灣
的民宿發展已相當有特性且多樣化，住過台灣各式各樣民宿的人，常
會對台灣的形形色色民宿產生濃厚興趣，有時感覺住民宿比住國際
觀光旅館更有趣。而民宿業者為滿足遊客的好奇心與慾望，無不推
陳出新、精心設計各種不同類型與風格的房間，以吸引遊客投宿。

表11-1為民宿經營的成功關鍵因素，每一欄總分為100分，得分
愈高表示該民宿的經營關鍵成功因素愈高。

二、台灣民宿設置地區及民宿類型

(一)民宿設置地區

根據「民宿管理辦法」第五條，目前台灣可於下列地區申請民
宿設置：風景特定區、觀光地區、國家公園區、原住民地區、偏遠
地區、離島地區、經農業主管機關核發經營許可登記證之休閒農場
或經農業主管機關劃定之休閒農業區、金門特定區計畫自然村及非
都市土地。

表11-1　民宿經營關鍵成功因素整理表

內涵			類別		確認	類別	確認
核心資源	資產	有形資產	實體資產	建築物設計		民宿的經營規模	
			財務資產	自有資金			
			自然資產	視野景觀及自然生態資源			
		無形資產	口碑品牌聲譽			顧客經營維繫（回流率）	
			行銷通路			風格營造	
			服務品質			市場區隔與選擇	
			廣告促銷				
	專長能力	個人專長能力	領導風格			經營管理能力	
			創業精神			創新開發能力	
			企劃行銷能力			導覽解說能力	
			公關營造			觀念接受及學習能力	

資料來源：張志翔（2007）。

(二)台灣的民宿類型

◆依其審查特色項目事項分類

　　台灣觀光局目前尚未有明確的民宿分類（民宿的類型可參考**表11-2**），但可依其審查特色項目事項歸納如下（黃穎捷，2007）：

1.環境資源特色（地區特色）：周遭區域環境具有獨特、可觀性之自然環境或社會環境的觀光休憩資源，能協助旅客在當地進行環境知性之旅及學術研究之住宿處所。例如：自然景觀、地質景觀、獨特資源（溫泉、海水浴場）、健行、賞鳥、名勝古蹟、茶葉博物館、陶瓷博物館、歷史建築、文化遺址、名人建物、產業文化等。

表11-2　民宿的類型

民宿類型	區分要素、條件	案例
空間設計	民宿包含一些較為特殊的建築物，如小木屋	台東縣台東市附近的小熊渡假村
經營組織	以有無服務中心作為區分	設有服務中心：台東縣海瑞鄉利稻民宿村
經營型態	1.獨立經營者 2.加入協會者	1.台北縣瑞芳鎮雲山水小築 2.宜蘭縣冬山鄉的三民苗鋪民宿
停留型態	1.停留一日 2.停留數日或更久	台北縣瑞芳鎮九份地區
輔導機關	1.行政院農委會 2.省原住民委員會 3.鄉公所或農會 4.無任何機關輔導者	1.屏東縣恆春農場 2.台北縣烏來鄉福山村民宿 3.台東縣鹿野鄉高台茶區民宿 4.屏東縣滿州鄉旭海民宿
旅遊型態	1.特殊興趣 2.休憩活動 3.體驗生活	1.日本溫泉民宿 2.歐洲因滑雪所產生的民宿 3.宜蘭縣員山鄉庄腳所在之民宿，讓人體驗農村生活
其他	不屬於上述任何一種，類型相當複雜且不一	某些提供住宿之寺廟

資料來源：林宜甲（1998）。

2.人文特色（經營者特色）：設有地方傳統文化、習俗之個人文物典藏或個人藝術創作展示場所（例如鋼琴演奏），能提供旅客觀賞、知性之旅及學術研究之住宿處所。

3.生活體驗特色（經營者特色）：能結合本身從事農、林、漁、牧、礦業等生產過程或活動，提供旅客鄉野特殊生活體驗之住宿處所。例如：牽罟、製茶、採果、採菜、採礦、淘金等製造採收過程，能讓旅客參與並使用相關設施，並有指導解說等服務。

4.建築特色（經營者特色）：具有傳統性、代表性、意義性之獨特建築物或室內裝潢陳設，並能提供解說服務之住宿處

所。例如：原住民傳統建築、傳統三合院、閩南建築、客家
建築、巴洛克式建築、日式平房等建築。

5.經營者特色（經營者特色）：

(1)能結合當地特殊景觀、環境、產業特色，提供獨具特色的
遊憩行程及導遊解說服務，讓旅客進行知性之旅，且能配
合政府推展觀光相關事業活動之住宿處所（申請本項應備
有公家機關核發之導遊解說證照或證照所有人同意書及證
照影本）。

(2)以經營者之藝術創作，呈現在遊客行程之中，並提供解說
服務或教學操作之住宿處所。

6.地方美食特色（經營者特色）：具有地方傳統特色或自創地
方特產美食小吃，廣受旅客好評，口碑佳、聲譽良好，且能
配合政府推展觀光相關事業活動之住宿處所（申請本項應具
有公家機關或其委託機構認證核發之餐飲烹飪證照）。

◆依地區及特色分類

再者，鄭詩華（1998）依地區及特色將民宿分為七個類型：

1.農園民宿。

2.海濱民宿。

3.溫泉民宿。

4.運動民宿。

5.傳統建築民宿。

6.料理民宿。

7.西洋農莊民宿。

◆依地區的地理條件與所具有之特色分類

顏如鈺（2003）則將民宿分為六個類型：

1.景觀民宿。

2.原住民部落民宿。

3.農園民宿。

4.溫泉民宿。

5.傳統建築民宿。

6.藝術文化民宿。

◆網路上民宿經營者的分類

此外，目前在網路上亦可看見民宿經營者所介紹的民宿，如：

1.景觀民宿：屬於比較有特色的民宿，例如像是墾丁船帆石的
小徑民宿，具有希臘愛琴海的風格。

2.溫馨民宿：屬於全家一起同樂的民宿，墾丁的小徑有這類的
民宿，專為旅客精心設計溫馨的家庭房。

3.熱情民宿：屬於比較熱鬧地區的民宿。

4.幽靜民宿：屬於比較遠離都市的民宿，可以讓一些平常壓力
比較大的人休養放鬆。

5.全家福民宿：主要是訴求和家人親戚等打造的民宿。

6.蜜月民宿：專為剛新婚的夫妻設計。

7.歡聚民宿：同學、朋友愛熱鬧的民宿。

第三節　民宿設置考慮因素及成功條件

本節將介紹民宿設置考慮因素及民宿經營的特性及成功條件，
說明如後：

一、民宿設置考慮因素

民宿設置時應考慮的因素為先確定經營的目標與動機、經營型態、資本、立地條件、經營方針、收支計畫、投資報酬率及經營成果，茲簡述如下：

(一)先確定經營的目標與動機

民宿業者要考慮經營的動機為何：

1.想當作副業經營。
2.想好好利用自己的土地或建築物。
3.想運用現有的資金。
4.想當作全年性的副業。
5.想當作正職經營。

(二)經營型態

民宿業者要瞭解自己的經營型態為何：

1.想以大眾化的價格，提供較多的房客，經營大規模的民宿。
2.想以大眾化的價格，提供小規模的民宿（但要提高住用率）。
3.想以高價格，提供較有特色的民宿。

(三)資本

民宿業者要瞭解自己的資金狀況為何：

1.有多少的融資？

2.本身的資本額占多少？

3.跟誰融資？

4.融資的利息如何？

5.償還期間等問題。

(四)立地條件

民宿業者要瞭解民宿設置的地點是否合適，如農園、海濱、溫泉、運動、料理及建築方式；競爭者多寡及其生意又如何？此外，消費對象為何？是以男性為主，或是女性為主？是以學生、受薪階級、家族成員或其他為主？

(五)經營方針

民宿經營者要清楚自己經營的方針，如是觀光、山珍海味、參加各種運動、海水浴場、登山或其他休閒活動；銷售方式主要是強調設備或是氣氛，或是強調餐飲供應、強調低價格、大眾化或其他特色等等；另外，宣傳、廣告主要是利用什麼方式，如看板、報章、雜誌、參加協會或連鎖等方式。

(六)收支計畫

民宿業者應考慮檢討基本的經營收支平衡為何：

1.每天的銷售額有多少？

2.在銷售額當中，材料費占了多少比率？

3.在銷售額當中，人事費用占了多少比率？

4.其他各項經費比率又占多少？

5.對於投下的資本額、銷售額占多少？

(七)投資報酬率

穩定的財務情況，需要靠持續良好的獲利能力來維持，而良好的獲利能力，需要穩定的財務狀況作爲後盾，二者有相輔相成的關係。要表示獲利與投資的關係，就必須以「投資報酬率」來衡量投入的資源獲取了多少的報酬，才足以表示整體的經營績效。

(八)經營成果

主要是看其收益性，如經營後產生多少利益或虧損了多少；安定性（如資金是否健全）有無問題；成長性（如每年收益性是否持續增加）是否成長順利。

民宿經營失敗的原因通常可歸納如下：(1)設計不當；(2)管理不善；(3)業務不振；(4)組織混亂；(5)保養不良；(6)財務不佳。因此，計畫訂出後，爲了提升效果，應該採取「計畫」、「實施」、「反省」的循環，不斷地計畫、不停地反省，才能發揮經營的整體績效。

二、民宿經營的特性及成功條件

民宿業者需瞭解民宿的經營特性與具備基本條件，才能提供較佳的服務，進而使遊客滿意。以下將針對其特性與條件作進一步說明：

(一)民宿經營的特性

民宿爲休閒服務產業的一環。因此，它具有服務業的特性，如

民宿經營是全方位副業經營之服務業、供應彈性小、家庭功能及體驗當地文化活動等特性，簡述如下：

◆全方位副業經營之服務業

1. 商品是無形的：以顧客的感覺決定好壞。所以民宿業者要處處考慮顧客的需要，要以創造性的行銷活動來吸引消費者。
2. 生產與消費同時進行：遊客必須前來住民宿，才能體驗到服務的優劣。
3. 商品的腐爛性高：因為民宿也提供餐飲的服務，因此如果遊客減少時，若剩下食物無法出售又沒有辦法保存時，其腐爛性高。
4. 商品的異質性：雖然同樣是民宿主人的服務，但有可能因為主人的心情不一樣而讓顧客產生不一樣的服務感覺。因此，很難保證每次服務都能達到規定的要求。

◆供應彈性小

1. 資金投資大：民宿在固定資產的投資占80%以上。
2. 季節性：有淡旺季的不同，無法連續生產。
3. 量的限制：房間數固定無法臨時變動增減。民宿房間數大多在15間以下。
4. 場所的限制：地點決定後，不能隨便轉移。
5. 地點：好的地點比高明的經營更重要。

◆家庭功能

民宿的一大特色為：旅客至民宿的食、住、行幾乎是民宿爸爸或媽媽一手包辦。因此，不會像一般商業旅館那麼商業化，而遊客所吃的餐飲，也常為民宿主人所食用的食物。遊客也可以跟民宿主人一起用餐聊天，而認真用心的主人，使旅客感覺就像在自己的家

一樣，故具有家庭的功能。

◆體驗當地文化活動

民宿的遊客可直接參與當地的文化，如生態、景觀、環境或藝術等，且可以直接涉入農家的生活，實際體驗當地的鄉村文化，遊客可以脫離較繁忙與紛擾的都市，過幾天寧靜與純樸的鄉村生活，讓自己的身心靈得到真正的放鬆。

(二)民宿經營成功的條件

以下將針對民宿經營成功的條件，如地方識別建構、在地經營、安全管理、交通可及性、政府相關輔導政策作進一步說明（邱湧忠，2002）：

◆地方識別建構

民宿經營原本即具有經營當地識別的意涵，故應考慮如何把最具地方特色的人文資源與地方風情和遊客分享，並將所擁有的重要資源發展成獨具特色的核心產品，此乃建構地方識別的最佳方式，亦為主要的獨特競爭力。

◆在地經營

鄉村具有一種與城市完全不同的景觀。因此，保存鄉村生活便是一種自然遺產的延續。如雲林古坑的民宿與古坑的咖啡結合，除了可以提高繁榮雲林的觀光農業，亦可提高農業的附加價值，增加農民的收入。

◆安全管理

安全是旅遊最重要且最基本的考量。所謂安全管理包括對人、事、地、物等安全需求的滿足。社會愈是多元化，潛藏的危機愈

多，民宿經營者隨時要具備危機意識及處理突發事件的能力。因此，民宿業者對於消防設施、經營設施及衛生等各項規範應加以恪守，不可掉以輕心。

◆交通可及性

任何公司行號或店面的設置地點，交通可及性為一大考慮因素。因此，民宿業者對於遊客至住宿地點交通的可達性與便利性應特別注意，如清楚標誌的指引或至某定點接遊客，讓遊客感到方便與窩心。

◆政府相關輔導政策

政府及相關非營利組織是民宿發展的重要推手，政府掌握行政資源可以成為建構發展民宿的重要舵手，進而創造優質的總體環境，使民宿經營者可以發揮其專業知能。此外，亦可委託民間業者或學術團體一起努力推動民宿產業，不只要增加民宿的量，更需要提升民宿經營的質。政府與民間一起將台灣的民宿推廣至國際舞台。

第四節　個案與問題討論

【個案】提早退休，去過逍遙人生？

遊客：夫妻：欣欣（45歲），明明（48歲）
民宿：「庄腳所在」老闆；蘋果園老闆

明明是某高科技公司的經理，而欣欣是保險公司的主管，夫妻

俩的工作不錯，亦有儲蓄。因此，夫妻萌起了提早退休，尋找兩人共同的夢想——在田園間建築一間歐式城堡的民宿，享受清閒的逍遙人生。

夫妻倆有如此夢想並積極規劃。首先，他們夫妻努力請教目前的民宿經營業者有關民宿設置考慮因素及成功條件，而「庄腳所在」的老闆也不吝嗇將設置民宿前應考慮的因素一一告訴夫妻倆，如先確定經營的目標與動機、經營型態、資本、立地條件、經營方針、收支計畫、投資報酬率及經營成果等問題。此外，夫妻倆還提出自己在業界多年的專業知識，如異業策略結盟如何應用於民宿產業？希望藉由夫妻倆的專業來提高民宿的經營品質。蘋果園民宿老闆認為這是很好的想法，因為民宿業者本身所擁有的資源絕對有限，因此要用分享的心情、運用專業分工，妥善結合當地人力資源與社區特色，如此才能使遊客有更多的收穫與體驗，且可促進地方經濟之活絡，又可與社區居民保持良好的合作關係。

夫妻倆聽了兩位老闆的建議與分享，對於民宿的經營規劃與經營（酸甜甘苦辣）有更進一步的瞭解。因此，夫妻倆更謹慎思考是否要提早退休，去過逍遙人生？

【問題討論】

1.民宿設置的考慮因素及成功條件？

2.民宿業者跟附近其他行業異業策略結盟的優點為何？

附錄 管理專業術語

　　隨著二十一世紀的來臨，全球開始盛行著如「標竿學習」、
「BOT模式」、「藍海策略」、「知識管理」等專業術語，而國內
外的知名學者，也常奉此為未來全世界管理的潮流，甚至連政府機
關也以此作為施政的宣示，相關的演講及書刊更是充斥在不同的場
合。本單元的管理專業術語將不同於一般的旅館各部門作業時所使
用的專業術語，如無訂房客人（walk in guest）、失物招領（Lost &
Found, L&F）及請勿打擾（Do Not Disturb, DND）等。讀者如希望
對旅館管理的營運作業之專業術語有所瞭解，建議可以參考筆者曾
於民國92年所著，由揚智文化事業出版的《旅館前檯作業管理》與
《房務作業管理》兩本書附錄中的專業術語，將有助於您對旅館管
理各部門作業時專業術語之瞭解。故本單元將介紹管理的相關專業
術語如何應用於旅館管理領域，讓旅館管理相關科系的學子，能以
更宏觀的角度瞭解旅館管理的內涵與精神。

■Benchmarking　標竿學習

　　乃指企業以同性質或不同性質產業中之最好企業為標準，嘗
試以有系統、有組織之方式學習其經驗，以期並駕齊驅，甚至超越
之。根據《天下雜誌》第345期分享五百大服務業觀光餐飲業裡最會
賺錢的晶華酒店，為觀光餐飲業的標竿學習對象。而吃飯、睡覺，
是人類千萬年不變的基本需求，究竟如何在古老的生活商機裡，持
續創造新話題？潘思亮總裁說，創新就是要懂得「化繁為簡，超外
得中」。

■BOT-Build, Operate, Transfer　BOT模式

　　主要用意在於降低政府財政負擔及發揮民營企業經營效率兩

大因素。定義為：由政府將基礎建設之特許權交給民營企業，由民營企業負責融資、興建（build）、營運（operate）與設施之維護，經一定年限之經營後，民營企業最後再將完整營運設施移轉（transfer）予政府。飯店的房價主要由市場機制以及區域性的消費能力作為訂定的標準，除非像美麗信飯店的BOT合作案，房價另有某種規定。

■BSC-Balanced Scorecard　平衡計分卡

傳統的績效評估往往只著重於短期的財務指標，如：投資報酬率（return on investment）、每股盈餘（earnings per share）等，這種看短不看長的現象對於策略、創新以及組織持續改善（continuous improvement）的達成帶來負面的效果。

BSC緣起於1990年，由KPMG（安侯建業聯合會計師事務所）研究機構所進行的研究計畫——「未來的組織績效衡量方法」所發展出來。BSC是透過四個構面：財務（financial）、顧客（customer）、企業內部流程（internal business process）及學習與成長（learning and growth）來考核一個組織的績效。BSC不僅透過財務構面保留對於短期績效的關心，也強調藉由其他構面的引入，可以將企業的願景與策略轉換成實際的行動，兩者若能緊密結合，將使組織的競爭力大為提升。例如飯店從員工的服務訓練開始，以提升飯店服務流程的效率，進而增加顧客滿意度（顧客願意再度光臨）及最後增加飯店收入，達到飯店的營收利潤目標。

■Blue Ocean Strategy　藍海策略

「藍海策略」旨在脫離血腥競爭的紅色海洋，創造沒有人與其競爭的市場空間。這種策略致力於增加需求，不再汲汲營營於瓜分不斷縮小的現有需求和衡量競爭對手。企業的永續成功，需要不斷以創新的精神加上有競爭性的成本概念來經營，才能成為藍海型的

企業。如旅館業者要能塑造飯店的獨特價值、創造顧客的需求且增加消費者的好處進而增加旅館的利潤，要不斷的創新讓消費者產生好奇，而想實際體驗，且讓其他旅館業者較難模仿。

■Customer Relationship Management, CRM　顧客關係管理

蒐集所有客戶相關資料，利用資料庫技術來統計分析，轉換成擬定行銷策略時的參考數據資訊；利用顧客消費資料庫找出主要消費群顧客、潛在消費群的消費行為及最有貢獻價值的顧客，以利妥善分配有限的資金及資源來滿足不同顧客的需求，以發揮資金及資源最大效用。

■Downsizing　組織扁平化（精簡化）

指組織藉由大量裁員（layoff），使組織規模縮減，以提升競爭力。現代企業活動全球化，旅館業者在外部環境快速變遷及飯店業競爭日益激烈的環境狀況下，考慮設計扁平化（downsizing：組織層級的減少）開放式組織體制，藉以縮短決策時間，建立一個零障礙高效率的企業發展環境。今日各大飯店多紛紛以精簡人事，以降低人事之營運成本來增加其收入。

■Enterprise Resource Planning, ERP　企業資源規劃

企業資源規劃就是將企業的所有資源作整合和規劃，以達到資源分配最佳化為目標。它帶領整個企業運作電腦化、自動化，協助規劃企業運用各樣資源的最優策略，務求使企業能夠充分利用資源。所謂的資源包括：財務、會計、人力資源、生產規劃等。企業在導入ERP時，應注意每個產業特性都不相同，應仔細選擇適合產業特性的ERP來進行導入。

■Five Forces Analysis　五力分析

五力分析模式由管理大師哈佛大學教授Michael E. Porter所提

出，Porter認為產業的結構會影響產業之間的競爭強度，因而提出一套產業分析架構，是用來分析某一產業結構與競爭對手的一種工具。Porter認為，影響產業競爭態勢的因素有五項，分別是：「新進入者的威脅」、「替代性產品的威脅」、「購買者的議價力量」、「供應商的議價能力」、「現有廠商的競爭強度」。而透過這五項分析可以幫助瞭解產業競爭強度與獲利能力。將可決定產業最後的利潤率，即長期投資報酬率。分析產業上、中、下游產業，如五星級飯店的上游食品業，下游產業如旅行社、訂房中心，在競爭者為其他目前營運中之五星級飯店與興建中的飯店。此外，替代品如汽車旅館及民宿亦蓬勃發展威脅五星級飯店。因此，飯店要透過各面向的分析，以瞭解旅館產業競爭強度進而推估其報酬率。

■International Organization for Standardization, ISO　國際標準化組織

　　是製作全世界工商業國際標準的各國國家標準機構代表的國際標準建立機構，總部設於瑞士日內瓦。是為全球公認的一套管理系統標準，在全球化經營的環境下，企業要達到國際管理層面上的標準，ISO為一套適用的管理標準。企業可藉由ISO管理系統來檢查出目前管理運作體系的缺失及不足，進而整頓改善其不足。

■Just in Time, JIT　及時生產系統

　　一種庫存管理方法，目的為當需求產生時供應就能及時滿足需求的庫存管理方法，而這種方法應用於日本就被稱作Kanban system。JIT供應方式之優點為零庫存，有別於傳統方式將存貨積壓於公司倉庫，可減少存貨資金之壓力。旅館的客房備品若使用JIT系統，則可免去儲存備品倉庫，亦可避免員工偷備品之情形。此外，餐飲採購採JIT系統可以減少材料的腐蝕，並確保其新鮮度。

■Job Rotation　工作輪調

主要目的在於增進員工工作內容之多樣性，減少工作上可能產生之單調與沉悶，同時可藉由輪調培養具有潛力之員工，使其未來成為組織內之管理者。旅館人力資源訓練部實施各部門工作輪調，以減少員工對工作的單調、貧乏感，亦可增加員工的競爭能力。

■Job Enlargement　工作擴大化

乃指工作內容之水平擴充，譬如原本只負責中餐廳之前場管理，工作擴大化後，則西餐廳前場一併負責。主要目的在於提高員工工作內容之多樣性。

■Job Enrichment　工作豐富化

乃指工作內容之垂直擴充，幫助員工能對自己的工作加以規劃並控制質與量，譬如：原本只負責中餐廳之前場管理，工作豐富化後，則中餐廳後場一併負責。

■Joint Venture　合資企業

指兩間公司聯合雙方的才能（資源）成立另一家公司，通常兩家公司擁有互補的才能，且具有共同的目標。

主要的優點在於：合資公司的風險只限於出資的部分；進入外國市場的公司可以利用當地公司的專長，彌補自己的短處；如果當地國家的政府限制外國人的公司資本額時，合資就成為唯一可行的辦法。如美國米高梅幻象集團（MGM Mirage）將與亞洲賭業大亨何鴻燊之女何超瓊共組合資企業，該集團已與何超瓊達成各占50%股份的協議，經營附設旅館的大型渡假賭場。

■Key Success Factor, KSF　關鍵成功因素

產業中藉以戰勝競爭者，並獲得成功所不可或缺之因素。譬

如：國際觀光的硬體設備皆符合一定規模。因此國際觀光旅館之KSF即可能除了現代化的硬體設施外，更著重在於服務人員服務態度能力或者是管理者管理能力等。

■Know-how

Know-how是指知識、技術、技能、方法、訣竅等，若能及早開發出更佳的Know-how，就能在同業競爭中勝出。如加盟連鎖體利用累積的經驗或開發研究，所發展出來專業的經營技術、模式，亦即可使商店營業獲利的經營技術。

■Knowledge Management　知識管理

組織、員工與顧客皆存在一定的知識（如飯店資深員工對於老顧客之瞭解，將投其所好，進而提供貼心服務）與潛在資訊。如旅客離開旅館後飯店可建立顧客的歷史檔案資料，而憑藉此資料作為行銷策略之參考。此舉可提升旅館之經營績效，有助於飯店的收入。

■Marketing Mix, 4P　行銷組合

所謂「行銷組合」，乃指銷售一個產品所應包含之基本技術與技巧，一般即指所謂之4P，包括有product（產品）、pricing（定價）、place（通路）、promotion（推廣）。目前旅館行銷常提出8P來進行規劃，除上述4P外亦包括people（人員）、package（套裝組合）、program（專案行銷）及partnership（異業結盟的合作關係）。

■Market Segmentation　市場區隔化

所謂「市場」，係由購買者所構成，而購買者在某些方面則彼此各有不同之處。購買者與購買者間，有年齡之不同、住的地理區域不同、購買行為不同、購買態度不同。譬如以地理市場區隔的旅館可分為城市型與休閒旅館型，前者以商務客人為主，後者以觀光

休閒旅客為主。這些許許多多不同之因素（或稱之為變數）可以將
市場予以區隔，如高所得之市場、花東地區市場、單身年輕女子市
場等。一般區隔之因素有：地理、人口統計變數（如職業、性別、
所得等）、心理及行為因素四種。

■Management By Objectives, MBO　目標管理

藉由組織每一階層的討論與參與，共同訂定組織以及各單位明
確之工作努力目標，並藉由目標來進行管理與工作績效評估。旅館
各部門需訂年度計畫且於年度終加以考核其已設定的目標，作為績
效考核之標準。

■Organizational Climate　組織氣候

乃指一個人在某一組織內工作之意識感，以及他對於組織之感
覺。譬如有些旅館之組織氣候被形容為是公平與公開的；有些則被
認為是家族企業而且沒有制度等。

■Organizational Commitment　組織承諾

乃指個人對於組織之認同與投入。有些學者認為，組織承諾就
是員工對於公司之忠誠度（loyalty）。組織承諾高的員工通常隱含
工作績效（job performance）高、離職（turn-over）傾向低。目前
旅館員工對組織的承諾偏低，員工常將工作當作跳板，致離職率偏
高。此外旅館業挖角員工的風氣盛行，亦為組織承諾偏低的原因之
一。

■Outsourcing　外包

指飯店把部分服務或生產工作交給另一公司或單位去完成，
這一公司或單位可以是另一家公司，也可以是在公司內部。外包是
一種降低企業成本的戰略。如飯店的清潔服務工作，外包給清潔公
司，除了可降低旅館聘用全職員工的成本之外，還可以發揮規模經

濟的效益。

■Plan-Do-Check-Action, PDCA　管理循環

　　P（plan，計畫）：制定一明確目標及行動方案。D（do，執行）：確實執行計畫。C（check，評估）：檢討確實執行計畫後的實際目標與計畫目標間的差異所在。A（action，行動）：再根據差異所在找出問題點後修正行動方案。持續循環計畫、執行、評估、行動這四步驟，以達成預設目標的一種管理方式。

■Project Management, PM　專案管理

　　專案是組織進行的一個暫時性（temporary）的努力付出，在一段事先確認的時間內，運用事先決定的資源，以產出一個獨特（unique）且可以事先定義的產品、服務或結果。「專案管理是運用管理的知識、工具、和技術於專案活動上，來達成解決專案的問題或達成專案的需求」。所謂管理包含領導（leading）、組織（organizing）、用人（staffing）、計畫（planning）、控制（controlling）等五項主要工作。

■Red Ocean Strategy　紅海策略

　　企業以價格競爭為本位，惡性競爭、削價策略的商場廝殺，就是深陷血流成河的紅海市場，不分敵我都得承受獲利縮減的後果。如旅館業者以降低房價策略來吸引住客，而其他旅館業者亦跟進同樣降低房價反擊，那麼彼此都沒獲得好處，只會縮減旅館的利潤。

■Six Sigma　六標準差

　　所謂「六標準差」乃指產品之品質水準是：每100萬次服務客人接觸中，只允許出現3.4次的缺點。當企業達到六標準差水準時，則表示每100萬位接受服務的顧客中，有999,996位顧客之需求是獲得滿足的。

一般企業的缺點率大約是三至四個標準差，以三標準差而言，相當於每100萬次的服務接觸裡，就有66,800次的缺點。如果企業能維持服務品質的水平到六標準差程度，則顧客滿意度與服務品質，將可以達到一個相當卓越的水準。因此，旅館管理者應努力將其飯店的服務品質達到六個標準差。

■Strengths, Weaknesses, Opportunities, and Threats, SWOT　優勢、弱勢、機會與威脅分析

SWOT主要以有利或不利、內部或外部這兩個構面來對行銷者擁有的內部優勢和劣勢，以及行銷者面對的外部機會和威脅進行分析。內部優勢（strengths）與劣勢（weaknesses）是指行銷者通常能夠加以控制的內部因素，諸如組織使命、財務資源、技術資源、研發能力、組織文化、人力資源、產品特色、行銷資源等等。外部機會（opportunities）和威脅（threats）是指行銷者通常無法加以控制的外部因素，包括競爭、政治經濟法律、社會文化、科技、人口環境等。這些外部因素雖說非旅館經營者所能控制，但卻對旅館的營運有重大的影響。故旅館經營者如能及時掌握機會、及時防範威脅，將有助於旅館行銷及人力管理等策略的制定與達成。

■Synergy　綜效

此種效果是公司購併或策略聯盟之主要動機。指整合後的公司績效將超過原來的個別部分，例如，某家旅館有完善的服務設備，而另一家訂房中心則有很好的通路網絡，預期兩公司策略聯盟後，將產生綜效，比以前有更高的每股盈餘。營運合併或策略聯盟的情況是指兩家公司的營運被整合在一起後，預期可為策略聯盟後公司帶來綜效的合併。綜效就是「1＋1＞2」的效果，即整體價值會大於個體價值總和，任何營運策略聯盟或公司購併的基本理論根據就在

於綜效。

■Theory X　X理論

Douglas McGregor提出，經由對人性之基本假定，提出兩種極端之看法，亦即X（人性本惡）理論與Y理論（人性本善）。X理論認為大部分的員工不喜歡工作與責任，喜歡被指揮；員工並不是因為想把工作做好而工作，而是為了財務上之激勵而為之。因此，對於大多數員工必須用監督、控制與威脅等方式，達成組織目標。因此，飯店人力資源部門設置各種管控的機制，如員工上下班要打卡、員工遲到要扣錢等規定。

■Theory Y　Y理論

Y理論則認為員工能從工作中獲得樂趣，外來之控制與處罰之威脅並不是激勵員工完成組織目標的唯一方法。整體言之，Y理論隱含一種對人的信念，亦即員工因為受到別人期望他能將工作做好，以及有機會與同事合作之激勵，而達成組織目標。因此，飯店各部門常會獎勵表現優秀的服務員工，如將其照片公布於員工及顧客可以看得到地方。此外，飯店也固定舉辦員工旅遊及聚餐，以增進員工融洽感情，有助於員工對顧客的整體服務表現。

■Total Quality Management, TQM　全面品質管理

指企業在經營上為了真正滿足消費者對於品質之要求，除了傳統之生產製造部門須做品質管制外，其他的行銷、人力資源、財務等部門均需參加，因而稱之為全面品質管理。根據2005年《遠見》針對台灣十大服務業評鑑，亞都麗緻飯店表現優越。該報導分享當神祕客踏進亞都麗緻，飯店員工不但懂得目視微笑，也不會像其他飯店櫃檯，將神祕客對機場巴士發車時間的詢問，踢皮球似的轉給服務台，而且交談上還能自動轉換成台語，和神祕客流利地話家

常。當神祕客表示隔天早上有重要會議，卻在匆忙中忘了將西裝放進行李箱時，服務人員馬上拿出量尺為神祕客量身，提供適合尺寸的西裝，就像名牌西服師傅為VIP客戶量身訂製西裝般謹慎。與其他的飯店不是以「公司不提供」來搪塞，要不就是隨便拿一件，穿不下再換的漫不經心態度完全不同。至於才check in時故意要求退房的魔鬼題，亞都麗緻幾乎都拿到滿分。

參考文獻

一、中文部分

台灣會議展覽資料網（2011）。線上檢索日期：2013年11月10日。網址：
　　http://www.meettaiwan.com。

石毛直道、鄭大聲編（1995）。《食文化入門》。東京：講談社。

交通部（2005），「95年民宿相關資料調查統計表」。網址：
　　http://2002.39.225.136/indexc.asp。

交通部觀光局行政資訊系統網頁（2006）。線上檢索日期：2005年12月1
　　日。網址：http://admin.taiwan.net.tw/indexc.asp。

交通部觀光局網站（2012），「觀光統計年報」，網址：http://taiwan.net.
　　tw。

交通部觀光局網站（2005）。線上檢索日期：2005年12月15日。網址：
　　http://taiwan.net.tw。

交通部觀光局網站（2005）。線上檢索日期：2005年12月31日。網址：
　　http://admin.taiwan.net.tw /statistics/File/200512/94來台中摘.htm。

行政院主計處（2012）。線上檢索日期：2005年7月15日。網址：http://
　　www.moea.gov.tw/ ~meco/doc/ ndoc/a8_940715a.htm。

何西哲（1996）。《餐旅管理會計》。台北：自版。

吳協昌（2006年6月25日）。〈政府帶頭衝　泰國MICE產業冉冉升起〉，
　　中央社。

吳勉勤（2006）。《旅館管理：理論與實務》。台北：華立圖書。

呂秋霞（2005）。《我國國際會議場地服務品質之研究》。國立台北大學
　　企業管理系研究所未出版之碩士論文。

宋一非（1995）。《旅館業的人才規劃及配置》。台北：交通部觀光局。

李福登（2000）。「技職體系一貫課程推動期中報告」（教育部技職
　　司）。台北：教育部技術及職業教育司。

沈燕雲、呂秋霞（2001）。《國際會議規劃與管理》。台北：揚智。

沈燕雲、呂秋霞（2001）。《會議經營與管理——舉辦國際會議的規劃與管理》。海峽兩岸二十一世紀——觀光學術研討會。

周明智（2003）。《餐館與旅館投資經營》。台北：華泰文化。

林宜甲（1998）。《國內民宿經營上所面臨問題與個案分析——以花蓮縣瑞穗鄉舞鶴地區為例》。國立東華大學自然資源管理所碩士論文。

林玥秀、劉元安、孫瑜華、李一民及林連聰（2000）。《餐館與旅館管理》。新北市：空大，頁217-220。

邱湧忠（2002）。《休閒農業經營》。台北：茂昌圖書。

俞克元、陳韡方審譯（2006）。《餐旅與觀光行銷》。台北：桂魯。

姚恒美（2010）。〈國際會展業總體發展趨勢〉，上海情報服務平台。

姚舜（2013年04月15日）。《工商時報》，產業情報。

洪國賜、盧聯生（1991）。《財務報表分析》。台北：三民書局。

徐于娟（1999）。《餐飲服務人員工作生涯品質、服務態度對顧客滿意度、顧客忠誠度影響》。中國文化大學觀光事業研究所碩士論文。

徐光國（1996）。《社會心理學》。台北：五南。

高秋英、林玥秀（2008）。《餐飲管理——理論與實務》。台北：揚智。

國際會議中心組織（2005）。線上檢索日期：2006年10月15日。網址：http://www.icca.nl。

張文龍（2002）。〈迎向WTO新挑戰——台灣會議產業發展趨勢研析〉，《經濟情勢評論》，頁167-186。

張志翔（2007）。《民宿經營關鍵成功因素研究——以花蓮地區為例》，頁101。

張於節（2002）。《賭場模式發展觀光之影響研究——以綠島地區為例》。國立東華大學企業管理研究所碩士論文。

張德儀（2003）。《台灣地區國際觀光旅館業資源能力與經營績效因果關係之研究》。銘傳大學管理科學研究所未出版之博士論文，頁11-15。

張緯良（2003）。《人力資源管理》。台北：雙葉。

許立佳（2007）。〈誰說婚禮不能浪漫又實惠〉，《理財週刊》，第354期，頁68-70。

郭春敏（2003）。《旅館前檯作業管理》。台北：揚智。

郭春敏（2003）。《房務作業管理》。台北：揚智。

郭春敏（2004）。〈我國技專校院旅館系學生能力指標之建構〉，《觀光研究學報》，第10卷，第3期，頁37-55。

陳世昌（1993）。《台灣旅館的演變與發展》。台北：永業。

陳世圯、黃豐鑑（2006）。《台灣觀光產業發展之研究》，國政研究報告。財團法人國家政策研究基金會。

陳哲次（2004）。《餐飲財務分析與成本控制》。台北：揚智文化。

陳清文（2004）。《流行科技趨勢》。2004年12月23日。

陳斐琳（1996）。《觀光旅館雜誌》，第348期，頁12。

黃安邦（1992）。《社會心理學》。台北：五南。

黃英忠（1997）。《人力資源管理》。台北：三民。

黃穎捷（2007）。《台灣休閒民宿產業經營攻略全集》。網址：http://www.atj.org.tw/newscon1.asp?number=1670,2007/5/10

黃應豪（1995）。《台灣國際觀光產業經營策略之研究——策略矩陣分析法之應用》。國立政治大學企業管理學系碩士論文。

經濟部主計處（2012）。報告書統計表，http://www.dgbas.gov.tw/mp.asp?mp=1。

楊長輝（1996）。《旅館經營管理實務——籌建規劃之可行性研究&電腦系統》。台北：揚智，頁134-135。

葉泰民（1999）。《台北市發展國際會議觀光之潛力研究》。中國文化大學觀光事業研究所未出版之碩士論文。

詹益政（1992）。《現代旅館實務》。台北：品度。

臺北市政府觀光委員會（2005）。線上檢索日期：2005年3月24日。網址：http://www.tc.tcg.gov.tw/mrFiles/MR20050324142751.doc。

臺北市政府觀光委員會（2005）。線上檢索日期：2005年3月24日。網址：http://www.tc.tcg.gov.tw/mrFiles/MR20050324142751.doc。

劉麗雲（2000）。《教育三明治教學之效能評估研究》。私立中國文化大學觀光事業研究所碩士論文。

蔡蕙如（1994）。《員工工作生活品質與服態度之研究——以百貨公司、便利商店、量販店、餐廳之服務人員為例》。國立中山大學企業管理研究所未出版之碩士論文，頁25-26。

蔣丁新、張宏坤（1997）。《飯店財務管理概論》。新北市：百通圖書。

鄭建瑋（2004）。《餐旅管理概論》。台北：桂魯。

鄭詩華（1998）。《民宿制度之研究》。台灣省政府交通處旅遊事業管理局。

盧偉斯（1999）。〈事業生涯發展系統的規劃與管理〉，《中國文化大學行政管理學報》，第2期。

蕭玉倩（1999）。《餐飲概論》。台北：揚智。

蕭孟德（2010）。《日月潭發展觀光博奕之經濟效益分析》。朝陽科大休閒事業管理學碩士論文。

賴明伸（2000）。〈加拿大綠色旅館，建築物及電力評等制度〉，《環保標章簡訊》，第19期，頁19-21。

謝耀龍（1993）。《行銷學》。台北：華泰。

鍾美玲（2003）。《民宿產業報告》。網址：http://leisure.ncyu.edu.tw/industrial_interaction/91pdf/91-07.pdf，92/6/26。

簡玲玲（2005）。《民宿評鑑之研究》。朝陽科技大學休閒事業管理系未出版碩士論文。

戴彰紀（2008）。〈精算細節，平價旅店創意無限〉，www.cheers.com.tw。

顏如鈺（2003）。《民宿使用者消費型態之研究》。台北：輔仁大學生活應用科學系未出版碩士論文。

嚴長壽（2002）。《御風而上》。台北：寶瓶文化。

嚴長壽（1997）。《總裁獅子心》。台北：平安文化有限公司。

蘇誌盟（1997）。《會議外交與國際環保運動》。政治大學外交研究所碩士未出版碩士論文。

二、英文部分

Anderson, E. W., Fornell, C., & Donald R. L. (1994). Customer Satisfaction, Market Share and Profitability: Findings from Sweden. *Journal of Marketing, 58*(2), 53-66.

Alden, D. L., Hoyer, W. D., & Lee, C. (1993). Identifying global and culture specific dimensions of humor in advertising: A multinational analysis.

Journal of Marketing, 57(4), 10-19.

Anderson, E. W., & Sullivan, M. W. (1993). The antecedents and consequences of customer satisfaction for firms. *Marketing Science, 12*(1), 125-143.

Bearden, W. O., & Teel, J. E. (1983). Selected determinants of consumer satisfaction and complaint reports. *Journal of Marketing Research, 20*(3), 21-28.

Brown, S. W., Fisk, R. P., & Bitner, M. J. (1994). The development and emergence of services marketing thought. *International Journal of Service Industry Management, 5*(1), 21-48.

Chase, R. B., & Bowen, B. D. (1987). Where does the customer fit in a service operation? *Harvard Business Review, 56*(4), 137-142.

Clow, K. E., Garretson, K., & Kurtz, D. L. (1994). An exploratory study into the purchase decision process used by leisure travelers in hotel selection. *Journal of Hospitality & Leisure Marketing, 2*(4), 53-72.

Collins, M. A., & Zebrowitz, L. A. (1995). The contributions of appearance to occupational outcomes in civilian and military settings. *Journal of Applied Social Psychology, 25*(2), 129-163.

Daley, D. M. (1995). Pay for performance and the senior executive service: Attitudes about the success of civil service reform. *American Review of Public Administration, 25*(2), 355-372.

Fornell, C., & Wernerfelt, B. (1987). Defensive marketing strategy by customer management: A theoretical analysis. *Journal of Marketing, 24*(11), 337-346.

Gartrell, R. B. (1988). *Destination Marketing for Convention and Visitor Bureaus*. Dubuque, Iowal: Kendall-Hunt.

Geller, A. N. (1985). Tracking the critical success factors for hotel companies. *Connell Hotel and Restaurant Administration Quarterly, 25*(4), 76-81.

Hanson, Bjorn (1995). Investment Analysis Tools, in *Hotel Investments: Issues & Perspectives*, by Raleigh L. E. and Roginsky, R. J., Educational Institute of AHMA.

Hempel, D. J. (1997). *Consumer Satisfaction with the Home Buying Process:*

Satisfaction and Dissatisfaction. Cambridge, Mass: Marketing Science Institute.

Heskett, J. L., & Schlesinger, A. (1994). Putting the service profit chain to work. *Harvard Business Review, 72*(2), 164-172.

Koernig, S. K., & Page, A. L. (2002). What if your dentist looked like Tom Cruise? Applying the match-up hypothesis to a service encounter. *Psychology & Marketing, 19*(1), 21-110.

Kriegl, U. (2000). International hospitality management. *The Cornell Hotel and Restaurant Administration Quarterly, 41*(2), 64-71.

Larsen, S., & Bastiansen, T. (1991). Service attitude in hotel & restaurant staff and nurses. *International Journal of Contemporary Hospitality Management, 4*(2), 27-31.

Lewis, R. C. (1989). Hospitality marketing: The internal approach. *The Connell Hospitality and Restaurant Administration Quarterly, 30*(3), 41-45.

Mayo, C., & Collegain, B. (1997). Industry report. *Academic Research Library, 27*(2), 96.

McColl-Kennedy, J. R., & White, T. (1997). Service provider training programs at odds with customer requirements in five-star hotels. *Journal of Service Marketing, 11*(4), 249-264.

Montgomery, R., & Strick, S. K. (1995). *Meetings, Conventions, and Expositions–An Introduction to the Industry*. Van Nostrand Reinhold.

Morrison, A. M. (1996). *Hospitality and Travel Marketing*. California: Thomson Information/Publishing Group.

Oberoi, U., & Hales, C. (1990). Assessing the quality of the conference hotel service product: Towards an empirically based model. *The Service Industries Journal, 10*(2), 700-721.

Parent, W. (1996). Consumer choice and satisfaction in supported employment. *Journal of Vocational Rehabilitation, 6*(2), 23-30.

Patterson, P. G., Johnson, L. W., & Spreng, R. A. (1997). Modeling the determinants of customer satisfaction for business to business professional services. *Journal of the Academy of Marketing Science, 25*(1), 4-17.

Rogers, T. (2003). *Conference and Conventions–A Global Industry*. Butterworth Heinemann.

Rust, R. T., & Zahorik, A. (1993). Customer satisfaction, customer retention, and market share. *Journal of Retailing, 69*(4), 193-215.

Sandwith, P. (1993). A hierarchy of management training requirements: The competency domain model. *Public Personnel Management, 22*(1), 43-62.

Schwer, R. K., & Daneshvary, R. (2000). Keeping up one's appearance : It importance and the choice of type of hair- grooming establishment. *Journal of Economic Psychology, 21*(4), 207-222.

Shone, A. (1998). *The Business of Conference*. Butterworth-Heinemann.

Siu, V. (1998). Managing by competencies: A study on the managerial competencies of hotel middle managers in Hong Kong. *International Journal of Hospitality Management, 17*(1), 253-273.

Stutts, A. T. (2001). *Hotel and Lodging Management*. NY: John Wiley & Sons, Inc.

Tas, R. F. (1983). Competencies important for hotel manager trainees. *The Cornell Hotel and Restaurant Administration Quarterly, 29*(2), 41-43.

Wirtz, J., & Bateson, J. E. (1995). An experimental investigation of halo effects in satisfaction measures of service attributes. *International Journal of Service Industry Management, 6*(3), 84-102.

國家圖書館出版品預行編目（CIP）資料

旅館管理：理論與實務 / 郭春敏著. --
二版. -- 新北市 ： 揚智文化，
2014.01
面 ； 公分. -- (餐飲旅館系列)

ISBN 978-986-298-127-6 (平裝)

1.旅館業管理

489.2   02027583

餐飲旅館系列

旅館管理 —— 理論與實務

作　　者 / 郭春敏
出 版 者 / 揚智文化事業股份有限公司
發 行 人 / 葉忠賢
總 編 輯 / 閻富萍
特約執編 / 鄭美珠
地　　址 / 22204 新北市深坑區北深路三段 260 號 8 樓
電　　話 / (02)8662-6826
傳　　真 / (02)2664-7633
網　　址 / http://www.ycrc.com.tw
 E-mail / service@ycrc.com.tw
 I S B N / 978-986-298-127-6
初版一刷 / 2008 年 3 月
二版一刷 / 2014 年 1 月
定　　價 / 新台幣 350 元